国家高技能人才培训教材

Shukong Chechuang Caozuo yu Lingjian Jiagong

数控车床操作与零件加工

孟娇娇　吕利强　主　编
褚艳光　副主编

人民交通出版社股份有限公司
China Communications Press Co.,Ltd.

内 容 提 要

　　本书引入 11 个典型性学习任务,制订培训目标,详细介绍了数控车床的操作规程及安全规范,根据加工任务,正确制定加工工艺流程,合理选择工具、量具、刃具,使用 G 代码和 M 代码进行有效编程,严格按相应技术要求实施并做记录。每个学习任务下,又分若干学习活动,包括工艺分析与编程、模拟加工、检验和质量分析、展示评价及工作总结等。

　　本书可作为交通行业高技能人才培训的专业教材,也可作为全国交通技师学院、交通高级技工学校相关专业的教学用书。

图书在版编目(CIP)数据

数控车床操作与零件加工 / 孟娇娇,吕利强主编. —北京:
人民交通出版社股份有限公司,2016.6
（国家高技能人才培训教材）
ISBN 978-7-114-13194-3

　　Ⅰ.①数…　Ⅱ.①孟…　②吕…　Ⅲ.①数控机床—车床—操作—技术培训—教材②数控机床—车床—零部件—加工—技术培训—教材　Ⅳ.①TG519.1

中国版本图书馆 CIP 数据核字(2016)第 161398 号

国家高技能人才培训教材

书　　名:**数控车床操作与零件加工**
著 作 者:孟娇娇　吕利强
责任编辑:刘　倩　周　凯
出版发行:人民交通出版社股份有限公司
地　　址:(100011)北京市朝阳区安定门外外馆斜街 3 号
网　　址:http://www.ccpress.com.cn
销售电话:(010)59757973
总 经 销:人民交通出版社股份有限公司发行部
经　　销:各地新华书店
印　　刷:北京鑫正大印刷有限公司
开　　本:787×1092　1/16
印　　张:10.75
字　　数:265 千
版　　次:2016 年 6 月　第 1 版
印　　次:2016 年 6 月　第 1 次印刷
书　　号:ISBN 978-7-114-13194-3
定　　价:28.00 元
(有印刷、装订质量问题的图书由本公司负责调换)

山西交通技师学院
国家高技能人才培训教材编审委员会

前　言

　　近年来,随着现代制造业及数控技术的不断发展,数控机床的应用范围越来越广。制造设备的大规模数控化,需要大量的数控技术高技能型人才。为构建数控技术专业新的课程体系,在进行广泛的企业调研和充分论证的基础上,对照数控行业岗位能力及人才规格的需求,数控机床操作课程被确定为数控技术专业的主干课程。本书编写的目的在于普及与提高数控加工技术,培养操作数控加工的高技能人才,使之具有一定的数控加工基础知识。

　　本书主要依据职业教育技术数控车床高级工培养标准编写,采取以真实的生产任务为引领的一体化课程模式,以模拟仿真训练为教学情境,以代表性工作任务为教学载体,按照生产流程和工艺完成产品加工。一体化课程教学流程分为如下7个环节:企业外协加工/代表性工作任务→学习任务→工艺分析→工具刃具准备→任务实施(加工)→产品检验→总结评价。

　　由于编者水平有限,书中如有谬误,恳请读者给予批评指正。

编　者

2016 年 4 月

目 录

学习任务一　台阶轴零件的加工

学习目标

1. 能按照数控加工车间安全防护规定,严格执行安全操作规程。
2. 能根据零件图对完成台阶轴的加工所需的信息进行收集和整理,并制订计划。
3. 能根据台阶轴零件图样,确定台阶轴零件数控加工工艺,填写台阶轴零件的加工工艺卡。
4. 能对台阶轴零件进行编程前的数学处理。
5. 能应用数控车床的模拟检验功能,检查程序编写中的错误,并对程序进行优化。
6. 能正确编写台阶轴零件的数控车加工程序。
7. 能独立完成台阶轴零件的数控车加工任务。
8. 能在教师的指导下解决加工出现的常见问题。
9. 能对台阶轴零件进行正确测量,评估与判断零件质量是否合格,并提出改进措施。
10. 能按照车间 6S 管理的要求,整理现场,保养设备并填写保养记录。
11. 能主动获取有效信息,展示学习成果,对学习与工作进行反思总结,并能与他人开展合作,进行有效沟通。

建议学时

40 学时。

任务描述

某机械厂寻求外协加工一批台阶轴零件(图 1-0-1),件数为 100,工期为 10 天(从签订外协加工合同之日算起),包工包料,要求在 24 小时内回复是否加工并报价。现生产主管部门委托我校数控车工组来完成此加工任务。

图 1-0-1　台阶轴零件

任务流程

学习活动一:领取工作任务,工艺分析与编程。
学习活动二:台阶轴模拟加工。
学习活动三:数控车床简单操作的认知。
学习活动四:台阶轴零件的加工任务实施。
学习活动五:台阶轴的检验和质量分析。
学习活动六:展示评价及工作总结。

学习活动一 领取工作任务,工艺分析与编程

 学习目标

1. 能独立阅读台阶轴零件生产任务单,明确工作任务,制订合理的工作流程。
2. 能识读零件图纸,并正确绘制台阶轴的零件图。
3. 能分析零件图纸,填写零件的加工工序卡和工艺卡。
4. 能根据加工工艺、台阶轴的形状和材料等选取合适的刀具,并确定适当的切削用量。
5. 能根据要求,选择合理的零件装夹方法。
6. 能制订加工台阶轴的合理工艺路线。
7. 能独立编写加工台阶轴的数控程序。

 建议学时

6 学时。

学习过程

一、阅读生产任务单

台阶轴零件生产任务单见表 1-1-1。

台阶轴零件生产任务单   表 1-1-1

单位名称				完成时间	年 月 日	
序号	产品名称	材料	生产数量	技术要求、质量要求		
1	台阶轴	45 钢	100 件	按图样要求		
2						
3						
生产批准时间		年 月 日	批准人			
通知任务时间		年 月 日	发单人			
接单时间		年 月 日	接单人		生产班组	

根据任务单回答下面的问题:

(1)按含碳量分,45 钢属于_____,含碳量为_____。

(2)轴的主要功用是支撑、传递_____和_____。

(3)根据轴的承载能力不同,可将直轴分为哪几类?

(4)轴上零件固定的方法主要有哪些?

二、图形样板

加工如图 1-1-1 所示零件,毛坯尺寸为 φ45mm×60mm,材料为 45 钢。

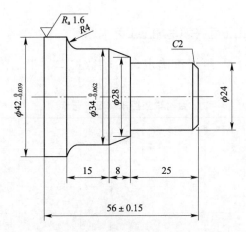

图 1-1-1　台阶轴图样(尺寸单位:mm)

1.识读零件图解读台阶轴的信息

(1)台阶轴零件的总长:_____。

(2)台阶轴的技术要求:_____

_____。

(3)台阶轴的材料:_____

(4)重要尺寸及其偏差:_____。

2.通过查阅资料整理以下信息

(1)金属材料的力学性能是什么?

(2)45 钢一般用于制作哪类零件?

(3)热处理要求 HRC40 ~ 45 的含义是什么?

3.绘制零件图

请你根据绘图要求,用手绘方式绘制台阶轴零件图,看谁绘得又好又快。

三、确定台阶轴的加工工艺并填写加工工艺卡

依据现有的加工经验,小组讨论确定台阶轴数控车加工工艺并填写加工工艺卡,见表1-1-2。

台阶轴数控车加工工艺卡 表1-1-2

工厂	机械加工工艺过程卡片	产品名称及型号			零件名称			零件图号			
		材料	名称		毛坯	种类		零件质量(kg)	毛		第 页
			牌号			尺寸			净		共 页
			性能		每批坯料的件数			每台件数	每批件数		
工序号	工序内容	车间	设备	工具			计划工时		实际工时		
				夹具	量具	刃具					
1											
2											
3											
4											
5											
6											
7											
更改内容											
编制		抄写		校对		审核		批准			

四、数控加工工艺分析

(1)根据台阶轴加工内容,填写台阶轴加工的车削刀具卡(表1-1-3)。

台阶轴加工的车削刀具卡 表1-1-3

刀具名称	刀具规格	材料	数量	刀具用途	备注

（2）根据以上分析，制订台阶轴的数控加工工序卡（表1-1-4）。

台阶轴零件数控加工工序卡 　　　　　　　　　表1-1-4

单位名称	机械加工工序卡片	产品名称或代号		零件名称	零件图号	工序名称	工序号	第　页
								共　页
画工序简图				车间	工段	材料名称	材料牌号	力学性能
				同时加工件数	每批坯料的件数	技术等级	单件时间（min）	准备时间终结时间（min）
				设备名称	设备编号	夹具名称	夹具编号	切削液
				更改内容				
工步号	工步内容	刀具号	刀具规格（mm）	主轴转速（r/min）	进给速度（mm/min）	背吃刀量（mm）		备注
编制		审核		批准			共　页	第　页

五、编制程序

1. 坐标系的确定原则

（1）数控车床坐标系采用的是右手笛卡尔直角坐标系，如图1-1-2所示。请根据图1-1-2指出三根手指指向的对应轴分别是哪个方向？

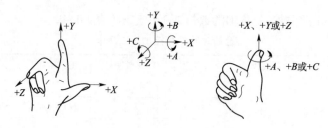

图 1-1-2　右手笛卡尔直角坐标系

（2）根据笛卡尔坐标系规定，标出图 1-1-3 中的 X 轴和 Z 轴。

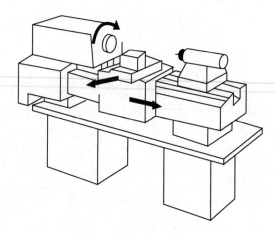

图 1-1-3　前置刀架式数控车床

（3）数控机床的坐标系统是一个很重要的概念，查阅资料回答以下问题。

数控车床的机床原点与机床参考点，如图 1-1-4 所示。

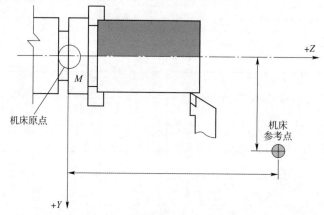

图 1-1-4　数控车床的机床原点与机床参考点

①机床坐标系的概念是什么？

②机床原点的概念是什么?

③机床参考点的概念是什么?

2.编程指令

(1)查阅资料学习数控车削编程指令(表1-1-5)。

数控车削编程指令

表1-1-5

序号	指令名称	图 示	指令格式	应用场合
1	快速定位（移动）			
2	直线插补（切削）			
3	圆弧插补			

(2)根据以上提供的指令,选择适合台阶轴数控车削加工的指令(表1-1-6)。

选择适合台阶轴数控车削加工指令

表1-1-6

序号	选择指令	应用理由

（3）查阅资料，填写表1-1-7。

数控车削辅助编程指令表 表1-1-7

序号	指令名称	指令格式	应用场合
1	程序结束		
2	主轴顺时针旋转		
3	主轴逆时针旋转		
4	主轴旋转停止		
5	换刀		
6	程序暂停		
7	程序停止并返回开始处		
8	进给功能（每分钟进给）		
9	调用子程序		
10	返回子程序		
11	主轴停止		

（4）车外圆时（图1-1-5）刀具轨迹如何？

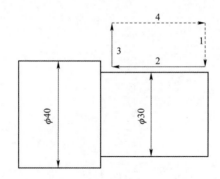

图1-1-5 车削外圆的运动轨迹

（5）根据图1-1-6回答以下问题。

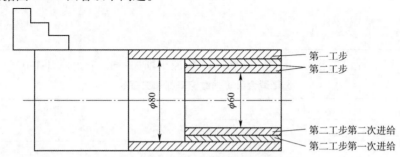

图1-1-6 车削台阶轴的进给路线

①车削外圆包括____、_____、_____、_____四步。

②按G01进给的是第____步和第____步。

③按G00进给的是第____步和第____步。

（6）根据零件图样，写出台阶轴的加工程序（可附纸）（表1-1-8）。

台阶轴的加工程序　　　　　　　　　　　　　　　　　　　　　表 1-1-8

程序段号	程　序	注　解

六、学习活动一小结（表 1-1-9）

学习活动执行情况总结评价表　　　　　　　　　　　　　　　　表 1-1-9

活动名称			组别		记录人		
本活动涉及知识及技能要点总结	活动需解决的关键问题						
	活动需解决的难点问题						
	活动需掌握的知识要点						
	活动需掌握的技能要点						
个人学习情况评价	本人承担的任务						
	完成情况	完成比例（百分比%）		完成时间（按时、延时）		完成效果（优、良、一般）	
	本次活动完成个人主要贡献						
本组成员贡献评价	本组完成学习活动情况评价情况记录（在相应选项下画√并获得相应系数分）	优秀(3)		良好(2.5)		一般(1.5)	较差(0)
	活动明星	最佳组织奖		最佳表达奖		最佳贡献奖	

学习活动二　台阶轴模拟加工

 学习目标

1. 能遵守机房各项管理规定,按要求使用计算机。
2. 能了解仿真软件的界面及验证程序的过程。
3. 能独立选择毛坯、设置刀具。
4. 能熟悉零件的仿真精加工步骤。
5. 能够运用指令编写加工程序,掌握对刀仿真操作与零件仿真加工过程。
6. 能在程序中对错误程序进行修改。

 建议学时

6 学时。

学习过程

一、仿真实训室管理规定

(1)6S 管理规定有哪些?

(2)列举几项机房安全使用制度。

二、熟悉数控车床仿真软件

(1)列举几类你所知道的仿真软件,并进行简单的描述。

(2)根据你所使用的仿真软件的界面填写表 1-2-1。

仿 真 软 件 按 钮　　　　　　　　　　　　　　　表 1-2-1

序号	按 钮 名 称	图 标 草 图	主 要 功 能
1	电源开关		
2	视图缩放		
3	选择机床		
4	选择刀具		
5	定义毛坯		
6	保存文件		

(3)查阅资料回答以下问题。
①简述数控仿真软件的操作过程。

②对刀概念是什么？

③简述外圆车刀的对刀过程。

三、数控车床设置与基本操作

(1)将台阶轴的车削刀具安装到刀架上,并描述新建刀具的主要操作步骤。

(2)台阶轴零件模拟加工前是否要对刀,为什么? 如果需要对刀,写出对刀的主要操作步骤。

(3)在对刀过程中,主轴转速一般选择为 500r/min。怎样在对刀前开启主轴,以达到设定的转速要求?

(4)台阶轴模拟加工是否要开机回零参考点? 为什么?

(5)根据零件图样,在仿真软件中选择毛坯的大小,写出新建毛坯的主要操作步骤。

四、模拟加工

(1)运用已编好的加工程序,观察仿真软件生成的刀具路径是否符合所给台阶轴零件加工要求。如果不符合要求,记录下来,以便更正。

问题①:

问题②:

问题③:

(2)根据台阶轴模拟加工问题的记录,分析问题出现的原因,并在小组讨论中提出预防措施或改进方法,填入表 1-2-2 中。

台阶轴模拟加工问题 表1-2-2

问　　题	原　　因	预防措施或改进方法

（3）如果在零件加工时突然出现撞刀，应该怎么办？

（4）在加工台阶轴时，如果测量尺寸大于所要求的尺寸，应该怎样解决？

五、学习活动二小结（表1-2-3）

学习活动执行情况总结评价表 表1-2-3

活动名称				组别		记录人	
本活动涉及知识及技能要点总结	活动需解决的关键问题						
	活动需解决的难点问题						
	活动需掌握的知识要点						
	活动需掌握的技能要点						
个人学习情况评价	本人承担的任务						
	完成情况	完成比例（百分比%）		完成时间（按时、延时）		完成效果（优、良、一般）	
	本次活动完成个人主要贡献						
本组成员贡献评价	本组完成学习活动情况评价情况记录（在相应选项下画√并获得相应系数分）	优秀(3)		良好(2.5)		一般(1.5)	较差(0)
	活动明星	最佳组织奖		最佳表达奖		最佳贡献奖	

学习活动三　数控车床简单操作的认知

 学习目标

1. 能描述数控车床的组成、结构、功能。

2. 能指出数控车床面板各部分的名称和作用。

3. 能描述常用 G 指令和 M 指令的含义及用途。

4. 能在老师的指导下安全操作数控车床。

5. 能将编制好的加工程序,正确输入数控车床,并运用数控车床上的编辑、修改和代替功能,进行加工程序的修改。

6. 能对数控车床进行规范操作。

 建议学时

10 学时。

学习过程

一、认知数控车床

查阅图 1-3-1 所示数控车床各主要组成部分的名称和作用,并填写在表 1-3-1 中。

图 1-3-1　数控车床

数控车床各主要组成部分的名称和作用　　　　　　　　表 1-3-1

序号	名　　称	作　　用
①		
②		
③		
④		
⑤		
⑥		
⑦		
⑧		

二、熟悉常用地址符

查阅资料,写出表1-3-2中常用地址符的功能及用途。

常用地址符的功能及用途   表1-3-2

地　　址	功　能	用　途
O		
N		
G		
X、Y、Z		
R		
I、J、K		
F		
S		
T		
M		
H、D		

三、熟悉常用G指令

查阅资料,写出表1-3-3中常用G指令的名称、编程格式及用途。

常用G指令的名称、编程格式及用途   表1-3-3

指　　令	名　　称	编程格式	用　　途
G00			
G01			
G02			
G03			
G04			
G32			
G40			
G41			
G42			
G70			
G71			
G72			
G73			
G76			
G95			

四、熟悉常用M指令

查阅资料,写出表1-3-4中常用M指令的名称及用途。

指　令	名　　称	用　　途
M00		
M01		
M02		
M03		
M04		
M05		
M06		
M07		
M08		
M09		
M30		
M98		
M99		

五、熟悉数控机床技术参数

　　查阅机床使用手册,明确所使用数控车床的主电动机功率、转矩、精度等技术参数,填入表 1-3-5。

数控车床技术参数　　　　表 1-3-5

名　　称	参　　数	名　　称	参　　数
工作台面积		刀具最大质量	
工作台左右行程		主轴最高转速	
工作台前后行程		进给速度范围	
主轴上下行程		快速移动速度	
工作台最大承重		主电动机功率	
主轴锥孔		主轴最大输出转矩	
刀具最大尺寸		进给电动机转矩	
主轴端面至工作台面距离		定位精度	
分辨率		重复定位精度	
刀库类型		刀库数量	

六、熟悉数控车床面板(图 1-3-2)

1. 熟悉系统面板

(1)按_____键,屏幕将切换到位置显示界面,系统提供了绝对、相对和综合三种位置显示方式。

(2)数控程序显示与编辑页面键为_____键。

(3)参数输入页面键为_____键,系统参数页面键为_____键,信息页面键为_____键,图形参设置页数键为_____键。

图 1-3-2　数控车床面板

（4）在键盘上，有些键具有两个功能，按_____键，可以在这两个功能之间进行切换。

（5）按_____键，可删除已输入到输放区里的最后一个字符。

（6）当按下一个字母键或数字键，按_____键，可把输入区中的数据插入到当前光标之后的位置。

（7）字符替换键为_____键，字符插入键为_____键，字符删除键为_____键。

（8）按_____键，可使 CNC 系统复位，用于清除报警等。按键_____，结束程序段的输入并换行。

2. 熟悉机床控制面板

（1）在紧急情况下按_____按钮，使机床立即停止，并且所有的输出都会关闭。

（2）按_____按钮，使 CNC 系统复位，解除报警。

（3）按_____按钮，数控程序中带有"／"符号的程序将不予执行。

（4）按_____按钮，系统进入单段运行模式，每按一次循环启动按钮，系统执行一个程序段后停止。

（5）按_____按钮，系统进入空运行状态，机床按指定的速度快速移动，而与程序中指定的进给速度无关。该功能用来在机床未装工件时检查刀具的轨迹。

（6）按_____按钮，锁定机床，刀具不再移动，但是显示器上的位置坐标随程序执行而变化。

（7）按_____按钮，程序中带有 M01 的程序段将不予执行。

（8）在自动或 MDI 模式下，按_____按钮，程序开始运行，其他模式下该按钮无效。

（9）程序运行过程中，按_____按钮，运行暂停；按_____按钮，程序恢复运行。

（10）程序运行过程中，程序中 F 指定的进给速度可以通过_____旋钮按照一定比例进行调整。

七、数控车床的基本操作

（1）阅读以下数控车床的加工注意事项，与普通车床加工注意事项相比，两者有哪些异同？

数控车床的安全操作规程

1. 操作前的注意事项

（1）零件加工前，一定要先检查机床是否正常运行。可以通过试车的办法来进行检查。

（2）在操作机床前，仔细检查输入的数据，以免引起误操作。

（3）确保指定的进给速度与操作所需的进给速度相适应。

（4）CNC 与 PMC 参数都是机床厂设置的，通常不需要修改，如果必须修改参数，在修改前应对参数有深入全面的了解。

（5）机床通电后，CNC 装置尚未出现位置显示或报警画面前，不要碰 MDI 面板上的任何键。MDI 的有些键专门用于维护和特殊操作，在开机的同时按下这些键，可能使机床数据丢失。

2.机床操作过程中的注意事项

(1)手动操作

当手动操作机床时,要确定刀具和工件的当前位置并保证正确指定了运动轴、方向和进给速度。

(2)手动返回参考

机床通电后,务必先执行手动返回参考点。如果机床没有执行手动返回参考点操作,机床的运动不可预料。

(3)手轮进给

在手轮进给时,一定要选择正确的进给倍率,过大的手轮进给倍率容易造成刀具或机床的损坏。

(4)自动运行

机床在自动执行程序时,操作人员不得离开岗位,要密切注意机床、刀具的工作状况,根据实际加工情况调整加工参数。一旦发现意外情况,应立即停止机床动作。

3.与编程相关的安全操作

(1)坐标系的设定

如果没有设置正确的坐标系,尽管指令是正确的,机床仍有可能并不按想象的动作运动。

(2)回转轴的功能

转速不能过高,如果工件安装不牢,会由于离心力过大而被甩出,引起事故。

4.关机时的注意事项

(1)确认工件已加工完毕。

(2)确认机床的全部运动均已完成。

(3)检查工件台面是否远离行程开关。

(4)检查工件台面是否已清洁。

(5)关机时要先关系统电源,再关机床电源。

(2)进行数控加工时要注意安全文明生产,指出图 1-3-3 ~ 图 1-3-5 中的违规行为。

请指出左图的违规行为:

图 1-3-3

请指出上图的违规行为：　　　　　　　　　请指出上图的违规行为：

图　1-3-4　　　　　　　　　图　1-3-5

八、学习活动三小结(表1-3-6)

学习活动执行情况总结评价表

表1-3-6

活动名称				组别			记录人	
本活动涉及知识及技能要点总结	活动需解决的关键问题							
	活动需解决的难点问题							
	活动需掌握的知识要点							
	活动需掌握的技能要点							
个人学习情况评价	本人承担的任务							
	完成情况	完成比例（百分比%）		完成时间（按时、延时）			完成效果（优、良、一般）	
	本次活动完成个人主要贡献							
本组成员贡献评价	本组完成学习活动情况评价情况记录（在相应选项下画√并获得相应系数分）	优秀(3)		良好(2.5)		一般(1.5)		较差(0)
	活动明星	最佳组织奖		最佳表达奖			最佳贡献奖	

学习活动四　台阶轴零件的加工任务实施

 学习目标

1. 能根据现场条件,查阅相关资料,确定符合加工技术要求的工具、量具、夹具和辅件。
2. 能按图纸要求,测量毛坯外形尺寸,判断毛坯是否有足够的加工余量。
3. 能描述切削液的种类和使用场合,正确选择本次任务要用的切削液。
4. 能正确装夹工件,并对其进行找正。
5. 能正确规范地装夹数控刀具,并能正确进行刀具的换刀及对刀工作。
6. 能严格按照数控车床操作规程,进行台阶轴零件加工。
7. 能根据切削状态调整切削用量,保证正常切削,并适时检测,保证台阶轴加工精度。
8. 能按产品工艺流程和车间要求,进行产品交接并规范填写交接班记录。
9. 能严格按照车间管理规定,正确规范地保养数控机床。

 建议学时

12 学时。

学习过程

一、准备工作

1. 穿戴劳保用品,注意仪容仪表
按规范穿戴好劳保用品,注意仪容仪表,见图 1-4-1。

a)　　　　　　　　b)　　　　　　　　c)

图 1-4-1　仪容仪表规范

2. 工具、量具、辅具准备
你用到哪些工具、量具、辅具,请填写在表 1-4-1 中。

工、量、辅具清单 　　　　　　　　　　　　　　　　　　　表 1-4-1

类别	序号	名　　称	型号或规格	数　　量	备　　注
量具	1				
	2				
	3				
	4				
工具	1				
	2				
	3				
	4				
辅具	1				
	2				
	3				
	4				

注:根据以上清单领取工具、量具以及辅具并规范摆放。

3. 领取毛坯料

领取毛坯料,并测量毛坯外形尺寸,判断毛坯是否有足够的加工余量。记录所领毛坯料的实际尺寸。

4. 选择切削液

(1)切削液有何作用?

(2)常用切削液有哪几种?

(3)本次加工应选用哪种切削液? 为什么?

二、加工零件

1. 机床准备(表 1-4-2)

机　床　准　备 　　　　　　　　　　　　　　　　　　　表 1-4-2

项目	数控系统部分			电器部分		机械部分				辅助部分	
设备检查	电器元件	控制部分	驱动部分	主电源	冷却风扇	主轴部分	进给部分	刀库部分	润滑部分	润滑	冷却
检查情况											

注:经检查后该部分完好,在相应项目下做"√"标记;若出现问题及时报修。

（1）启动机床。

（2）机床各轴回机床参考点。

（3）输入数控加工程序并检验。

2．安装工件

正确装夹工件，并对其进行找正。

3．装夹刀具

正确装夹合适的刀具，确保刀具牢固可靠，并通过 MDI 操作设定主轴转速。

4．对刀

把外圆车刀与切断刀对刀参数记录在表1-4-3中。

对 刀 参 数   表1-4-3

刀具参数 刀具名称	X	Z	R	T
外圆车刀（T0101）				
切断刀（T0202）				

5．录入程序并校验

（1）确定所录程序的程序名。

（2）把通过校验的程序录入到数控机床中。

（3）对照程序单检查程序，并注意程序功能是否齐全。

6．自动加工

（1）为了保证零件的加工精度，在加工若干件后，应检测零件各部分的尺寸，记录并确定补偿值，完成表1-4-4。

数 据 记 录   表1-4-4

顺序号	长度测量数据	补偿数据（Z轴磨耗）	直径测量数据	补偿数据（X轴磨耗）

（2）加工过程中要观察刀具切削情况，记录加工中存在的不合理因素，以便纠正，提高工作效率（如切削用量、加工路径是否合理、刀具是否有干涉等），完成表1-4-5。

台阶轴加工中遇到的问题   表1-4-5

问　题	产生原因	预防措施或改进方法

三、清扫场地、保养机床

实训室的班后六不走有哪些内容(图1-4-2)？你是否逐条认真做好每项工作？

图 1-4-2

四、学习活动四小结(表1-4-6)

学习活动执行情况总结评价表   表 1-4-6

活动名称				组别		记录人		
本活动涉及知识及技能要点总结	活动需解决的关键问题							
	活动需解决的难点问题							
	活动需掌握的知识要点							
	活动需掌握的技能要点							
个人学习情况评价	本人承担的任务							
	完成情况	完成比例（百分比%）		完成时间（按时、延时）		完成效果（优、良、一般）		
	本次活动完成个人主要贡献							
本组成员贡献评价	本组完成学习活动情况评价情况记录(在相应选项下画√并获得相应系数分)	优秀(3)		良好(2.5)		一般(1.5)	较差(0)	
	活动明星	最佳组织奖		最佳表达奖		最佳贡献奖		

学习活动五　台阶轴的检验和质量分析

 学习目标

1. 能选择合适的量具,完成台阶轴零件各要素的直接和间接测量。
2. 能根据零件的检测结果,分析误差产生的原因。
3. 能正确规范地使用工、量具,并对其进行合理保养和维护,注意工、量具的摆放。
4. 能根据检测结果,正确填写检验报告单。
5. 能按检验室管理要求,正确放置和检验工、量具。

 建议学时

4 学时。

学习过程

一、台阶轴质量检验单(供参考,学生可通过讨论自行确定)

台阶轴质量检验单见表 1-5-1。

台阶轴质量检验单　　　　　　　　　　　　　　　表 1-5-1

考核项目	序号	技术要求	检验结果	是否合格
外圆	1	$\phi 42^{+0}_{-0.039}$ mm		
	2	$\phi 34^{+0}_{-0.062}$ mm		
	3	$\phi 24$ mm		
长度	4	56 mm ± 0.15 mm		
	5	15 mm		
	6	8 mm		
	7	25 mm		
倒角	8	$C2$ mm		
圆弧	9	$R4$ mm		
表面粗糙度	10	$R_a 1.6 \mu m$		
	11	$R_a 3.2 \mu m$		

二、做出评定

根据质量检验报告单对产品质量做出评定(在符合的选项上打"√")。

合格□　次品□　废品□

三、不合格尺寸分析

填写表 1-5-2,说说你的产品哪些尺寸不合格? 是什么原因造成的? 如何来解决?

不合格尺寸		产生的原因	造成的后果	解决的办法
标注尺寸	测量尺寸			

不合格尺寸分析 表1-5-2

学习活动六 展示评价及工作总结

学习目标

1. 能进行分组展示工作成果,说明本次的任务的完成情况,并做分析总结。
2. 能结合自身完成情况,认真填写工作总结。
3. 能根据老师的评价,反思自身的不足,并在以后的工作中不断改正。

建议学时

2 学时。

学习过程

一、成果展示(表1-6-1)

成 果 展 示 表1-6-1

与其他组相比,本小组的工件工艺你认为如何?	工艺一般☐ 工艺合理☐ 工艺优化☐
本小组人演示工件检测方法操作正确吗?	不正确☐ 部分正确☐ 正确☐
本小组演示遵循了"6S"的工作要求吗?	完全没有遵循☐ 忽略了部分要求☐ 符合工作要求☐
本小组的成员团队创新精神如何?	良好☐ 一般☐ 不足☐
展示的工件符合技术标准吗?	合格☐ 不良☐ 返修☐ 报废☐

拓展知识

先进数控加工用刀具——机夹可转位车刀

1. 各种机夹可转位车刀的刀片(图1-6-1)。
2. 常用机夹车刀(图1-6-2)。
3. 机夹车刀涂层材料。

通过化学气相沉积(CVD)等方法,在硬质合金刀片的表面上涂覆耐磨的 TiC 或 TiN、HfN、Al_2O_3 等薄层,形成表面涂层硬质合金。涂层硬质合金刀片一般均制成可转位的式样。用机夹方法装卡在刀杆或刀体上使用。它具有以下优点:

(1)由于表层的涂层材料具有极高的硬度和耐磨性,故与未涂层硬质合金相比,涂层硬质合金允许采用较高的切削速度,从而提高了加工效率;或能在同样的切削速度下大幅度地

车削刀片　Turning inserts

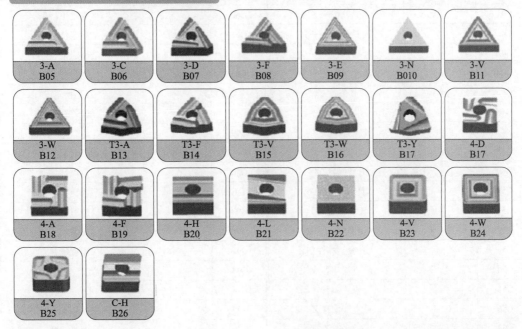

3-A B05	3-C B06	3-D B07	3-F B08	3-E B09	3-N B010	3-V B11
3-W B12	T3-A B13	T3-F B14	T3-V B15	T3-W B16	T3-Y B17	4-D B17
4-A B18	4-F B19	4-H B20	4-L B21	4-N B22	4-V B23	4-W B24
4-Y B25	C-H B26					

图1-6-1　各种机夹可转位车刀

提高刀具耐用度。

（2）由于涂层材料与被加工材料之间的摩擦系数较小，故与未涂层刀片相比，涂层刀片的切削力有一定降低。

（3）涂层刀片加工时，已加工表面质量较好。

（4）由于综合性能好，涂层刀片有较好的通用性。一种涂层牌号的刀片有较宽的适用范围。

4.数控机床标准G代码（表1-6-2）

图1-6-2　常用机夹车刀

数控机床标准 G 代码　　　　　　　　　　　表1-6-2

代码	功能作用范围	功　能	代码	功能作用范围	功　能
G00		点定位	G10-G16	*	不指定
G01		直线插补	G17		XY 平面选择
G02		顺时针圆弧插补	G18		ZX 平面选择
G03		逆时针圆弧插补	G19	*	YZ 平面选择
G04	*	暂停	G20-G32	*	不指定
G05	*	不指定	G33		螺纹切削,等螺距
G06		抛物线插补	G34		螺纹切削,增螺距
G07	*	不指定	G35		螺纹切削,减螺距
G08	*	加速	G36-G39	*	不指定
G09	*	减速	G40		刀具补偿/刀具偏置注销

代码	功能作用范围	功 能	代码	功能作用范围	功 能
G41		刀具补偿——左	G60		准确定位(精)
G42		刀具补偿——右	G61		准确定位(中)
G43	*	刀具偏置——左	G62		准确定位(粗)
G44	*	刀具偏置——右	G63		攻丝
G45	*	刀具偏置＋／＋	G64-G67	*	不指定
G46	*	刀具偏置＋／－	G68	*	刀具偏置,内角
G47	*	刀具偏置－／－	G69	*	刀具偏置,外角
G48	*	刀具偏置－／＋	G70-G79	*	不指定
G49	*	刀具偏置0／＋	G80		固定循环注销
G50	*	刀具偏置0／－ G01	G81-G89		固定循环
G51	*	刀具偏置＋0／	G90		绝对尺寸
G52	*	刀具偏置－0／	G91		增量尺寸
G53		直线偏移注销	G92	*	预置寄存
G54		直线偏移 X	G93		进给率,时间倒数
G55		直线偏移 Y	G94		每分钟进给
G56		直线偏移 Z	G95		主轴每转进给
G57		直线偏移 XY	G96		恒线速度
G58		直线偏移 XZ	G97		每分钟转数(主轴)
G59		直线偏移 YZ	G98-G99	*	不指定

注: * 表示如做特殊用途,必须在程序格式中说明。

5. 数控机床标准 M 代码(表 1-6-3)

数控机床标准代码   表 1-6-3

代码	功能作用范围	功 能	代码	功能作用范围	功 能
M00	*	程序停止	M17-M18	*	不指定
M01	*	计划结束	M19		主轴定向停止
M02	*	程序结束	M20-M29	*	永不指定
M03		主轴顺时针转动	M30	*	纸带结束
M04		主轴逆时针转动	M31	*	互锁旁路
M05		主轴停止	M32-M35	*	不指定
M06	*	换刀	M36	*	进给范围1
M07		2 号冷却液开	M37	*	进给范围2
M08		1 号冷却液开	M38	*	主轴速度范围1
M09		冷却液关	M39	*	主轴速度范围2
M10		夹紧	M40-M45	*	齿轮换挡
M11		松开	M46-M47	*	不指定
M12	*	不指定	M48	*	注销
M13		主轴顺时针,冷却液开	M49	*	进给率修正旁路
M14		主轴逆时针,冷却液开	M50	*	3 号冷却液开
M15	*	正运动	M51	*	4 号冷却液开
M16	*	负运动	M52-M54	*	不指定

代码	功能作用范围	功 能	代码	功能作用范围	功 能
M55	*	刀具直线位移,位置1	M63-M70	*	不指定
M56	*	刀具直线位移,位置2	M71	*	工件角度位移,位置1
M57-M59	*	不指定	M72	*	工件角度位移,位置2
M60		更换工作	M73-M89		不指定
M61		工件直线位移,位置1	M90-M99	*	永不指定
M62	*	工件直线位移,位置2			

注:*表示如做特殊用途,必须在程序格式中说明。

二、任务总结评价(表1-6-4)

学习任务完成情况总结评价表　　　　　　表1-6-4

任务名称			组别		记录人	

任务完成要点总结	完成任务需解决的关键问题					
	本任务学习掌握的知识要点					
	本任务学习掌握的技能要点					
	完成任务运用的学习方法					

	序号	评价项目	配分	评 价 细 则	得分	总分
任务完成情况技术评价得分	1	准备工作	10			
	2					
	3	工艺要求	60			
	4					
	5					
	6					
	7					
	8					
	9					
	10					
	11					
	12					
	13	清理场地	10			
	14					
	15	安全文明生产	20			
	16					

个人分项得分	个人学习活动自主评价均分(20%)	任务完成情况技术得分(50%)	小组任务完成情况教师评价得分(20%)	组长评价得分(10%)

总评得分	
个人完成任务心得	

学习任务二　葫芦轴的加工

1. 能按照数控加工车间安全防护规定,严格执行安全操作规程。
2. 能根据零件图对完成葫芦轴的加工所需信息进行收集和整理,并制订计划。
3. 能掌握葫芦轴加工方法。
4. 能根据葫芦轴图样,确定葫芦轴数控车加工工艺,填写葫芦轴的加工工艺卡。
5. 能对葫芦轴进行编程前的数学处理。
6. 能正确编写葫芦轴的数控车加工程序。
7. 能应用数控车床的模拟检验功能,检查程序编写中的错误,并对程序进行优化。
8. 能根据现场条件,查阅相关资料,确定符合加工技术要求的工具、量具、夹具和辅件。
9. 能正确装夹外圆车刀,并在数控车床上实现正确对刀。
10. 能利用 G02、G03 指令编写圆弧程序,并能简述它们之间的不同。
11. 能独立完成葫芦轴的数控车加工任务。
12. 能在教师的指导下解决加工出现的常见问题。
13. 能对葫芦轴进行正确测量,评估与判断零件质量是否合格,并提出改进措施。
14. 能按照车间 6S 管理的要求,整理现场,保养设备并填写保养记录。
15. 能主动获取有效信息,展示学习成果,对学习与工作进行反思总结,并能与他人开展合作,进行有效沟通。

建议学时

40 学时。

任务描述

图 2-0-1　葫芦轴

某机械厂寻求外协加工一批葫芦轴(图 2-0-1),件数为 100,工期为 10 天(从签订外协加工合同之日算起),包工包料。要求在 24 小时内回复是否加工并报价。现生产主管部门委托我校机电信息系数控车工组来完成此加工任务。

任务流程

学习活动一:领取工作任务,工艺分析与编程。
学习活动二:葫芦轴模拟加工。
学习活动三:葫芦轴的加工任务实施。
学习活动四:葫芦轴的检验和质量分析。
学习活动五:展示评价及工作总结。

学习活动一 领取工作任务,工艺分析与编程

 学习目标

1. 能独立阅读葫芦轴生产任务单,明确工作任务,制订合理的工作流程。
2. 能识读零件图纸,并正确绘制葫芦轴的零件图。
3. 能掌握葫芦轴的加工方法。
4. 能分析零件图纸,填写零件的加工工序卡和工艺卡。
5. 能根据加工工艺、葫芦轴的形状和材料等选取合适的刀具,并确定适当的切削用量。
6. 能根据要求,选择合理的零件装夹方法。
7. 能制订加工葫芦轴轴的合理工艺路线。
8. 能利用 G02、G03 指令分别编写切槽程序,并能简述它们之间的不同。
9. 能独立编写加工葫芦轴的数控程序。

建议学时

6 学时。

 学习过程

一、阅读生产任务单

葫芦轴生产任务单见表 2-1-1。

葫芦轴生产任务单   表 2-1-1

单位名称				完成时间		年 月 日
序号	产品名称	材料	生产数量	技术要求、质量要求		
1	葫芦轴	45 钢	100 件	按图样要求		
2						
3						
生产批准时间		年 月 日	批准人			
通知任务时间		年 月 日	发单人			
接单时间		年 月 日	接单人		生产班组	

根据任务单回答下面的问题:

(1)葫芦轴的定位基准是( )。

    A.端面   B.外圆   C.内孔   D.外圆或内孔

(2)列举你能想到的或见到的用数控加工的工艺品,说明数控车加工的是具有说明特征的零件。

二、图形样板

加工如图 2-1-1 所示零件,毛坯尺寸为 $\phi 55 mm \times 108 mm$,材料为 45 钢。

1. 识读零件图,解读葫芦轴信息

(1)葫芦轴零件的总长:_____。

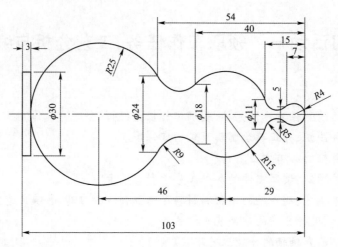

图 2-1-1　葫芦轴零件(尺寸单位:mm)

(2)葫芦轴的技术要求:_____

_____。

(3)葫芦轴的材料:_____。

(4)重要尺寸及其偏差:_____。

2.通过查阅资料整理以下信息

(1)葫芦轴用的是什么材料?

(2)按含碳量分,该材料属于什么钢?

(3)列举还有什么零件是用这种材料制作的?

3.绘制零件图

请你根据绘图要求,用手绘方式绘制葫芦轴零件图,看谁绘得又好又快。

三、确定葫芦轴的加工工艺并填写加工工艺卡

根据普通车床加工经验,小组讨论确定葫芦轴数控车加工工艺并填写加工工艺卡,见表 2-1-2。

葫芦轴数控车加工工艺卡　　　　　　　　　　　表 2-1-2

（工厂名）	机械加工工艺过程卡片	产品名称及型号		零件名称		零件图号			
		材料	名称	毛坯	种类	零件质量（kg）	毛		第　页
			牌号		尺寸		净		共　页
			性能						
工序号	工序内容	车间	设备	工具			计划工时	实际工时	
				夹具	量具	刀具			
1									
2									
3									
4									
5									
6									
7									
更改内容									
编制		抄写		校对		审核		批准	

经小组讨论可以选择其他的加工工艺方案。

四、数控加工工艺分析

（1）根据葫芦轴加工内容,填写葫芦轴加工的车削刀具卡（表 2-1-3）。

葫芦轴加工的车削刀具卡　　　　　　　　　　　表 2-1-3

刀具名称	刀具规格	材料	数量	刀具用途	备注

（2）根据以上分析，制订葫芦轴的数控加工工序卡（表2-1-4）。

葫芦轴零件数控加工工序卡　　　　　　　　　　　　表2-1-4

（工厂名）	机械加工工艺过程卡片	产品名称及型号			零件名称			零件图号				
		材料	名称		毛坯	种类		零件质量（kg）	毛		第　页	
			牌号			尺寸			净		共　页	
			性能		每批坯料的件数			每台件数		每批件数		
工序号	工序内容	车间	设备		工具			计划工时		实际工时		
					夹具	量具	刃具					
1												
2												
3												
4												
5												
6												
7												
更改内容												
编制		抄写		校对			审核		批准			

五、编制程序

（1）试描绘 G02 的走刀轨迹。

（2）试描绘 G03 的走刀轨迹。

(3)根据零件图样,写出葫芦轴的加工程序(可附纸)(表2-1-5)。

葫芦轴的加工程序　　　　　　　　　　　　　　　　　　　　　　　表2-1-5

程 序 段 号	程　　　序	注　　　解

六、学习活动一小结(表2-1-6)

学习活动执行情况总结评价表　　　　　　　　　　　　　　　　　表2-1-6

活动名称			组别			记录人		
本活动涉及知识及技能要点总结	活动需解决的关键问题							
	活动需解决的难点问题							
	活动需掌握的知识要点							
	活动需掌握的技能要点							
个人学习情况评价	本人承担的任务							
	完成情况	完成比例(百分比%)		完成时间(按时、延时)			完成效果(优、良、一般)	
	本次活动完成个人主要贡献							
本组成员贡献评价	本组完成学习活动情况评价情况记录(在相应选项下画√并获得相应系数分)	优秀(3)		良好(2.5)		一般(1.5)		较差(0)
	活动明星	最佳组织奖		最佳表达奖			最佳贡献奖	

学习活动二　葫芦轴模拟加工

 学习目标

1. 能遵守机房各项管理规定,按要求使用计算机。
2. 能熟练应用仿真软件的界面及验证程序的过程。
3. 能快速选择毛坯、设置刀具。
4. 能熟悉零件的仿真精加工步骤。
5. 能够运用指令编写加工程序,掌握对刀仿真操作与零件仿真加工过程。
6. 能在程序中对错误程序进行修改。

 建议学时

6 学时。

学习过程

一、模拟加工设置

(1)选择哪类型的机床?

(2)毛坯应选择 ϕ 为多少? 长度为多少? 毛坯应放在何处?

(3)外圆刀的各项参数应设为多少?

(4)机床如何回零?

二、模拟加工

(1)第一步是走直线还是走圆弧?

(2)运用已编制好的加工程序,观察仿真软件生成的刀具路径是否符合葫芦轴加工要求。如果不符合要求,记录下来,以便更正。

问题①:

问题②:

问题③:

（3）根据葫芦轴模拟加工问题的记录，分析出现问题的原因，并在小组讨论中提出预防措施或改进方法，填入表2-2-1中，以提高加工质量和效率。

葫芦轴模拟加工问题   表2-2-1

问　　题	原　　因	预防措施或改进方法

（4）加工完后测量葫芦轴的尺寸，如果发现尺寸不符合要求，如何解决？

三、学习活动二小结（表2-2-2）

学习活动执行情况总结评价表   表2-2-2

活动名称			组别		记录人		
本活动涉及知识及技能要点总结	活动需解决的关键问题						
	活动需解决的难点问题						
	活动需掌握的知识要点						
	活动需掌握的技能要点						
个人学习情况评价	本人承担的任务						
	完成情况	完成比例（百分比%）		完成时间（按时、延时）		完成效果（优、良、一般）	
	本次活动完成个人主要贡献						
本组成员贡献评价	本组完成学习活动情况评价情况记录（在相应选项下画√并获得相应系数分）	优秀(3)		良好(2.5)		一般(1.5)	较差(0)
	活动明星	最佳组织奖		最佳表达奖		最佳贡献奖	

学习活动三　葫芦轴的加工任务实施

学习目标

1. 能根据现场条件,查阅相关资料,确定符合加工技术要求的工具、量具、夹具和辅件。

2. 能按图纸要求,测量毛坯外形尺寸,判断毛坯是否有足够的加工余量。

3. 能校验和检查所用量具的误差。

4. 能正确装夹工件,并对其进行找正。

5. 能正确规范地装夹数控刀具,并能正确进行刀具的换刀及对刀工作。

6. 能按照数控车床操作规程,进行葫芦轴零件的加工。

7. 能根据切削状态调整切削用量,保证正常切削,并适时检测,保证葫芦轴零件加工精度。

8. 能在教师的指导下解决加工中出现的问题。

9. 能按产品工艺流程和车间要求,进行产品交接并规范填写交接班记录。

10. 能按照车间管理规定,正确规范地保养数控机床。

建议学时

22 学时。

学习过程

一、加工准备

1. 刀具及工具、量具、辅具准备

（1）加工时你用到了哪些刀具？请列在表 2-3-1 中。

刀　具　清　单　　　　　　　　　　　　表 2-3-1

序号	刀具名称	刀具编号	刀具材料	型号或规格
1				
2				
3				
4				
5				
6				
7				
8				

（2）你用到哪些工具、量具、辅具,请填写在表 2-3-2 中。

工具、量具、辅具清单　　　　　　　　　　表 2-3-2

类别	序号	名　称	型号或规格	数　量	备　注
量具	1				
	2				
	3				
	4				

类别	序号	名　称	型号或规格	数　量	备　注
工具	1				
	2				
	3				
	4				
辅具	1				
	2				
	3				
	4				

根据以上清单领取工具、刀具、量具以及辅具并规范摆放。

2. 领取毛坯料

领取毛坯料,并测量毛坯外形尺寸,判断毛坯是否有足够的加工余量。记录所领毛坯料的实际尺寸。

3. 选择切削液

根据本次加工对象及所用刀具,确定本次应选择哪种切削液? 为什么?

二、加工零件

1. 机床准备(表2-3-3)

机 床 准 备 　　　　　　　　　　　　　　　　表2-3-3

项目	数控系统部分			电器部分		机械部分				辅助部分	
设备检查	电器元件	控制部分	驱动部分	主电源	冷却风扇	主轴部分	进给部分	刀库部分	润滑部分	润滑	冷却
检查情况											

注:经检查后该部分完好,在相应项目下做标记;若出现问题及时报修。

(1)启动机床。

(2)机床各轴回机床参考点。

(3)输入数控加工程序并检验。

2. 安装工件

正确装夹工件,并对其进行找正。

3. 装夹刀具

(1)正确装夹合适的刀具,确保刀具牢固可靠,并通过 MDI 操作设定主轴转速。

（2）简述此次外圆车刀应如何对刀。

4. 对刀

把外圆车刀与切断刀对刀参数记录在表2-3-4中。

对 刀 参 数　　　　　　　　　　表2-3-4

刀具参数　　　　　刀具名称	X	Z	R	T
外圆车刀（T0101）				
切断刀（T0202）				

5. 录入程序并校验

（1）你所录程序的程序名是：_____。

（2）把通过校验的程序录入到数控机床中。

（3）对照程序单检查程序，并注意程序功能是否齐全。

6. 自动加工

（1）为了保证零件的加工精度，在粗加工后应检测零件各部分的尺寸，记录并确定补偿值，见表2-3-5。

检 测 数 据 表　　　　　　　　　　表2-3-5

序　　号	直径测量数据	补偿数据（X 轴磨耗）	长度测量数据	补偿数据（Z 轴磨耗）

（2）加工中注意观察刀具切削情况，记录加工中不合理的因素，以便纠正，提高工作效率（如切削用量、加工路径是否合理，刀具是否有干涉等）。将葫芦轴加工中遇到的问题填入表2-3-6中。

葫芦轴加工中遇到的问题　　　　　　　　　　表2-3-6

问　　题	产生原因	预防措施或改进方法

三、学习活动三小结（表2-3-7）

学习活动执行情况总结评价表 表2-3-7

活动名称				组别		记录人	
本活动涉及知识及技能要点总结	活动需解决的关键问题						
	活动需解决的难点问题						
	活动需掌握的知识要点						
	活动需掌握的技能要点						
个人学习情况评价	本人承担的任务						
	完成情况	完成比例（百分比%）		完成时间（按时、延时）		完成效果（优、良、一般）	
	本次活动完成个人主要贡献						
本组成员贡献评价	本组完成学习活动情况评价情况记录（在相应选项下画√并获得相应系数分）	优秀(3)		良好(2.5)		一般(1.5)	较差(0)
	活动明星	最佳组织奖		最佳表达奖		最佳贡献奖	

学习活动四　葫芦轴的检验和质量分析

 学习目标

1. 能选择合适的量具，完成葫芦轴零件各要素的直接和间接测量。
2. 能根据零件的检测结果，分析误差产生的原因。
3. 能正确规范地使用工、量具，并对其进行合理保养和维护，注意工、量具的摆放。
4. 能根据检测结果，正确填写检验报告单。
5. 能按检验室管理要求，正确放置和检验工、量具。

 建议学时

4学时。

学习过程

一、葫芦轴零件质量检验单（供参考，学生可通过讨论自行确定）

葫芦轴零件质量检验单见表2-4-1。

葫芦轴零件质量检验单   表 2-4-1

考核项目	序号	技术要求	检验结果	是否合格
外圆	1	30mm		
圆弧	2	$R25$mm		
	3	$R9$mm		
	4	$R15$mm		
	5	$R5$mm		
	6	$R4$mm		
长度	7	103mm		
	8	46mm		
	9	29mm		
	10	3mm		
	11	15mm		
	12	40mm		
	13	54mm		
表面粗糙度	14	$R_a1.6\mu m$		

二、做出评定

根据质量检验报告单对产品质量做出评定(在符合的选项上打"√")。

合格□   次品□   废品□

三、不合格尺寸分析

填写表 2-4-2,说说你的产品哪些尺寸不合格？是什么原因造成的？如何来解决?

不合格尺寸分析   表 2-4-2

不合格尺寸		产生的原因	造成的后果	解决的办法
标注尺寸	测量尺寸			

学习活动五　展示评价及工作总结

学习目标

1. 能进行分组展示工作成果,说明本次的任务的完成情况,并作分析总结。
2. 能结合自身完成情况,认真填写工作总结。
3. 能根据老师的评价,反思自身的不足,并在以后的工作中不断改正。

建议学时

2 学时。

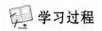学习过程

一、成果展示(表2-5-1)

成果展示   表2-5-1

与其他组相比,本小组的工件工艺你认为如何?	工艺一般□工艺合理□工艺优化□
本小组人演示工件检测方法操作正确吗?	不正确□部分正确□正确□
本小组演示遵循了"6S"的工作要求吗?	完全没有遵循□忽略了部分要求□符合工作要求□
本小组的成员团队创新精神如何?	良好□一般□不足□
展示的工件符合技术标准吗?	合格□不良□返修□报废□

二、任务总结评价(表2-5-2)

学习任务完成情况总结评价表   表2-5-2

任务名称					组别			记录人	
任务完成要点总结	完成任务需解决的关键问题								
	本任务学习掌握的知识要点								
	本任务学习掌握的技能要点								
	完成任务运用的学习方法								
任务完成情况技术评价得分	序号	评价项目	配分		评价细则			得分	总分
	1	准备工作	10						
	2								
	3	工艺要求	60						
	4								
	5								
	6								
	7								
	8								
	9								
	10								
	11								
	12								
	13	清理场地	10						
	14								
	15	安全文明生产	20						
	16								
个人分项得分	个人学习活动自主评价均分(20%)		任务完成情况技术得分(50%)			小组任务完成情况教师评价得分(20%)		组长评价得分(10%)	
总评得分									
个人完成任务心得									

学习任务三 酒杯的加工

学习目标

1. 能按照数控加工车间安全防护规定,严格执行安全操作规程。
2. 能根据零件图对完成酒杯加工所需信息进行收集和整理,并制订计划。
3. 能掌握酒杯加工方法。
4. 能根据酒杯图样,确定酒杯数控车加工工艺,填写酒杯的加工工艺卡。
5. 能对酒杯进行编程前的数学处理。
6. 能正确编写酒杯的数控车加工程序。
7. 能应用数控车床的模拟检验功能,检查程序编写中的错误,并对程序进行优化。
8. 能根据现场条件,查阅相关资料,确定符合加工技术要求的工具、量具、夹具和辅件。
9. 能正确装夹外圆车刀,并在数控车床上实现正确对刀。
10. 能利用 G02、G03 指令编写圆弧程序,并能简述它们之间的不同。
11. 能独立完成酒杯的数控车加工任务。
12. 能在教师的指导下解决加工出现的常见问题。
13. 能对酒杯进行正确测量,评估与判断零件质量是否合格,并提出改进措施。
14. 能按照车间 6S 管理的要求,整理现场,保养设备并填写保养记录。
15. 能主动获取有效信息,展示学习成果,对学习与工作进行反思总结,并能与他人开展合作,进行有效沟通。

建议学时

40 学时。

任务描述

某机械厂寻求外协加工一批酒杯(图 3-0-1),件数为 100,工期为 10 天(从签订外协加工合同之日算起),包工包料。要求在 24 小时内回复是否加工并报价。现生产主管部门委托我校机电信息系数控车工组来完成此加工任务。

图 3-0-1 酒杯

任务流程

学习活动一:领取工作任务,工艺分析与编程。
学习活动二:酒杯模拟加工。
学习活动三:酒杯的加工任务实施。
学习活动四:酒杯的检验和质量分析。
学习活动五:展示评价及工作总结。

学习活动一 领取工作任务,工艺分析与编程

 学习目标

1.能独立阅读酒杯生产任务单,明确工作任务,制订合理的工作流程。

2.能识读零件图纸,并正确绘制酒杯的零件图。

3.能掌握酒杯的加工方法。

4.能分析零件图纸,填写零件的加工工序卡和工艺卡。

5.能根据加工工艺、酒杯的形状和材料等选取合适的刀具,并确定适当的切削用量。

6.能根据要求,选择合理的零件装夹方法。

7.能制订加工酒杯的合理工艺路线。

8.能利用 G02、G03 指令分别编写酒杯程序,并能简述它们之间的不同。

9.能独立编写酒杯的数控程序。

 建议学时

6 学时。

 学习过程

一、阅读生产任务单

酒杯生产任务单见表3-1-1。

酒杯生产任务单   表 3-1-1

单位名称				完成时间	年　月　日	
序号	产品名称	材料	生产数量	技术要求、质量要求		
1	酒杯	45 钢	100 件	按图样要求		
2						
3						
生产批准时间		年　月　日	批准人			
通知任务时间		年　月　日	发单人			
接单时间		年　月　日	接单人		生产班组	

根据任务单回答下面的问题:

(1)酒杯用哪种材料制作?

(2)列举你见过的酒杯,描述一下它们的形状。

二、图形样板

加工如图 3-1-1 所示零件,毛坯尺寸为 $\phi40mm \times 75mm$,材料为 45 钢。

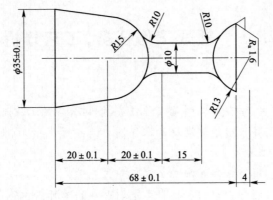

图 3-1-1　酒杯图样(尺寸单位:mm)

1. 识读零件图,解读酒杯的信息

(1)酒杯零件的总长:_____。

(2)酒杯零件的技术要求:_____。

(3)酒杯零件的材料:_____。

(4)重要尺寸及其偏差:_____。

2. 通过查阅资料整理以下信息

(1)酒杯的最大直径是多少?

(2)酒杯的最小表面粗糙度是多少?

(3)列举还有什么零件是用这种材料制作的?

3. 绘制零件图

请你根据绘图要求,用手绘方式绘制酒杯零件图,看谁绘得又好又快。

三、确定酒杯的加工工艺并填写加工工艺卡

根据普通车床加工经验,小组讨论确定酒杯数控车加工工艺并填写加工工艺卡,见表3-1-2。

酒杯数控车加工工艺卡

表3-1-2

（工厂名）	机械加工工艺过程卡片	产品名称及型号			零件名称			零件图号				
		材料	名称		毛坯	类型		零件质量（kg）	毛		第 页	
			牌号			尺寸			净		共 页	
			性能									
工序号	工序内容	车间	设备		工具			计划工时		实际工时		
				夹具		量具	刃具					
1												
2												
3												
4												
5												
6												
7												
更改内容												
编制		抄写		校对		审核		批准				

经小组讨论可以选择其他的加工工艺方案。

四、数控加工工艺分析

（1）根据酒杯加工内容,填写酒杯加工的车削刀具卡（表3-1-3）。

酒杯加工的车削刀具卡

表3-1-3

刀具名称	刀具规格	材料	数量	刀具用途	备注

（2）根据以上分析，制订酒杯的数控加工工序卡（表3-1-4）。

酒杯零件数控加工工序卡   表3-1-4

单位名称	机械加工工序卡片	产品名称或代号	零件名称	零件图号	工序名称	工序号	第 页
							共 页
画工序简图			车间	工段	材料名称	材料牌号	力学性能
			同时加工件数	每批坯料的件数	技术等级	单件时间（min）	准备时间/终结时间（min）
			设备名称	设备编号	夹具名称	夹具编号	切削液
			更改内容				
工步号	工步内容	刀具号	刀具规格（mm）	主轴转速（r/min）	进给速度（mm/min）	背吃刀量（mm）	备注
编制		审核		批准		共 页	第 页

五、编制程序

（1）试写车内孔时所用的指令。

（2）车外圆时的转速应设置为多少？

（3）根据零件图样，写出加工酒杯的加工程序（可附纸）（表3-1-5）。

酒杯的加工程序 表 3-1-5

程 序 段 号	程 序	注 解

六、学习活动一小结（表 3-1-6）

学习活动执行情况总结评价表　　　　　　　　　　　　表 3-1-6

活动名称			组别		记录人	
本活动涉及知识及技能要点总结	活动需解决的关键问题					
	活动需解决的难点问题					
	活动需掌握的知识要点					
	活动需掌握的技能要点					
个人学习情况评价	本人承担的任务					
	完成情况	完成比例（百分比%）		完成时间（按时、延时）		完成效果（优、良、一般）
	本次活动完成个人主要贡献					
本组成员贡献评价	本组完成学习活动情况评价情况记录（在相应选项下画√并获得相应系数分）	优秀(3)	良好(2.5)		一般(1.5)	较差(0)
	活动明星	最佳组织奖		最佳表达奖		最佳贡献奖

学习活动二　酒杯模拟加工

学习目标

1. 能遵守机房各项管理规定，按要求使用计算机。

2. 能熟练应用仿真软件的界面及验证程序的过程。

3. 能快速选择毛坯、设置刀具。

4. 能熟悉零件的仿真精加工步骤。

5. 能够运用指令编写加工程序，掌握对刀仿真操作与零件仿真加工过程。

6. 能在程序中对错误程序进行修改。

建议学时

6 学时。

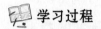 学习过程

一、模拟加工设置

(1)选择哪类型的机床?

(2)毛坯应选择 φ 为多少? 长度为多少? 毛坯应放在何处?

(3)应选择何处为编程原点?

二、模拟加工

(1)第一步是走直线还是走圆弧?

(2)运用已编制好的加工程序,观察仿真软件生成的刀具路径是否符合酒杯加工要求。如果不符合要求,记录下来,以便更正。

问题①:

问题②:

问题③:

(3)根据酒杯模拟加工问题的记录,分析出现问题的原因,并在小组讨论中提出预防措施或改进方法,填入表 3-2-1 中,提高加工质量和效率。

酒杯模拟加工问题　　　　　　　　　　　　　　　　　　表 3-2-1

问　题	原　因	预防措施或改进方法

(4)加工完后测量酒杯的尺寸,如果发现尺寸不符合要求,如何解决?

三、学习活动二小结(表3-2-2)

学习活动执行情况总结评价表　　　　　　　表3-2-2

活动名称				组别			记录人	
本活动涉及知识及技能要点总结	活动需解决的关键问题							
	活动需解决的难点问题							
	活动需掌握的知识要点							
	活动需掌握的技能要点							
个人学习情况评价	本人承担的任务							
	完成情况	完成比例(百分比%)		完成时间(按时、延时)		完成效果(优、良、一般)		
	本次活动完成个人主要贡献							
本组成员贡献评价	本组完成学习活动情况评价情况记录(在相应选项下画√并获得相应系数分)	优秀(3)		良好(2.5)		一般(1.5)		较差(0)
	活动明星	最佳组织奖		最佳表达奖		最佳贡献奖		

学习活动三　酒杯的加工任务实施

学习目标

1. 能根据现场条件,查阅相关资料,确定符合加工技术要求的工具、量具、夹具和辅件。

2. 能按图纸要求,测量毛坯外形尺寸,判断毛坯是否有足够的加工余量。

3. 能校验和检查所用量具的误差。

4. 能正确装夹工件,并对其进行找正。

5. 能正确规范地装夹数控刀具,并能正确进行刀具的换刀及对刀工作。

6. 能按照数控车床操作规程,进行酒杯零件的加工。

7. 能根据切削状态调整切削用量,保证正常切削,并适时检测,保证酒杯加工精度。

8. 能在教师的指导下解决加工中出现的问题。

9. 能按产品工艺流程和车间要求,进行产品交接并规范填写交接班记录。

10. 能按照车间管理规定,正确规范地保养数控机床。

 建议学时

22 学时。

 学习过程

一、加工准备

1. 刀具及工具、量具、辅具准备

(1)加工时你用到了哪些刀具?请列在表 3-3-1 中。

刀 具 清 单   表 3-3-1

序号	刀具名称	刀具编号	刀具材料	型号或规格
1				
2				
3				
4				
5				
6				
7				
8				

(2)你用到哪些工具、量具、辅具,请填写在表 3-3-2 中。

工具、量具、辅具清单   表 3-3-2

类别	序号	名　称	型号或规格	数　量	备　注
量具	1				
	2				
	3				
	4				
工具	1				
	2				
	3				
	4				
辅具	1				
	2				
	3				
	4				

根据以上清单领取工具、刀具、量具以及辅具并规范摆放。

2. 领取毛坯料

领取毛坯料,并测量毛坯外形尺寸,判断毛坯是否有足够的加工余量。记录所领毛坯料的实际尺寸。

3. 选择切削液

根据本次加工对象及所用刀具,确定本次应选择哪种切削液? 为什么?

二、加工零件

1. 机床准备(表3-3-3)

机床准备　　　　　　　　　　　　　　　　表3-3-3

项目 设备 检查	数控系统部分			电器部分		机械部分				辅助部分	
	电器 元件	控制 部分	驱动 部分	主电源	冷却 风扇	主轴 部分	进给 部分	刀库 部分	润滑 部分	润滑	冷却
检查 情况											

注:经检查后该部分完好,在相应项目下做"√"标记;若出现问题及时报修。

(1)启动机床。

(2)机床各轴回机床参考点。

(3)输入数控加工程序并检验。

2. 安装工件

正确装夹工件,并对其进行找正。

3. 装夹刀具

(1)正确装夹合适的刀具,确保刀具牢固可靠,并通过 MDI 操作设定主轴转速。

(2)如果加工中刀具没有夹紧,加工后刀尖或刀具会发生位移,此时应该怎么办?

4. 对刀

把外圆车刀与内孔刀对刀参数记录在表3-3-4 中。

对　刀　参　数　　　　　　　　　　表3-3-4

刀具名称 \ 刀具参数	X	Z	R	T
外圆车刀(T0101)				
内孔刀(T0202)				

5. 录入程序并校验

(1)你所录程序的程序名是:_____。

(2)把通过校验的程序录入到数控机床中。

(3)对照程序单检查程序,并注意程序功能是否齐全。

6. 自动加工

(1)为了保证零件的加工精度,在粗加工后应检测零件各部分的尺寸,记录并确定补偿值,见表3-3-5。

检 测 数 据 表

表 3-3-5

序　号	直径测量数据	补偿数据 (X 轴磨耗)	长度测量数据	补偿数据 (Z 轴磨耗)

　　(2)加工中注意观察刀具切削情况,记录加工中不合理的因素,以便纠正,提高工作效率(如切削用量、加工路径是否合理,刀具是否有干涉等)。将酒杯加工中遇到的问题填入表 3-3-6 中。

酒杯加工中遇到的问题

表3-3-6

问　　题	产 生 原 因	预防措施或改进方法

三、学习活动三小结(表3-3-7)

学习活动执行情况总结评价表

表 3-3-7

活动名称				组别		记录人	
本活动 涉及知识 及技能要 点总结	活动需解决的 关键问题						
	活动需解决的 难点问题						
	活动需掌握的 知识要点						
	活动需掌握的 技能要点						
个人学习 情况评价	本人承担的任务						
	完成情况	完成比例 (百分比%)		完成时间 (按时、延时)		完成效果 (优、良、一般)	
	本次活动完成 个人主要贡献						
本组成员 贡献评价	本组完成学习活动情况评价情况记录(在相应选项下画√并获得相应系数分)	优秀(3)		良好(2.5)	一般(1.5)	较差(0)	
	活动明星	最佳组织奖		最佳表达奖		最佳贡献奖	

学习活动四 酒杯的检验和质量分析

 学习目标

1. 能选择合适的量具,完成酒杯各要素的直接和间接测量。
2. 能根据零件的检测结果,分析误差产生的原因。
3. 能正确规范地使用工、量具,并对其进行合理保养和维护,注意工、量具的摆放。
4. 能根据检测结果,正确填写检验报告单。
5. 能按检验室管理要求,正确放置和检验工、量具。

 建议学时

4 学时。

学习过程

一、酒杯质量检验单(供参考,学生可通过讨论自行确定)

酒杯质量检验单见表3-4-1。

酒杯质量检验单 表3-4-1

考核项目	序号	技术要求	检验结果	是否合格
外圆	1	$\phi35mm \pm 0.1mm$		
	2	$\phi10mm$		
圆弧	3	$R15mm$		
	4	$R10mm$		
	5	$R13mm$		
长度	6	$68mm \pm 0.1mm$		
	7	$20mm \pm 0.1mm$		
	8	$15mm$		
	9	$4mm$		
表面粗糙度	10	$R_a3.2\mu m$		
	11	$R_a1.6\mu m$		

二、做出评定

根据质量检验报告单对产品质量做出评定(在符合的选项上打"√")。

合格□   次品□   废品□

三、不合格尺寸分析

填写表3-4-2,说说你的产品哪些尺寸不合格?是什么原因造成的?如何来解决?

不合格尺寸		产生的原因	造成的后果	解决的办法
标注尺寸	测量尺寸			

学习活动五　展示评价及工作总结

学习目标

1. 能进行分组展示工作成果,说明本次的任务的完成情况,并作分析总结。

2. 能结合自身完成情况,认真填写工作总结。

3. 能根据老师的评价,反思自身的不足,并在以后的工作中不断改正。

建议学时

2 学时。

学习过程

一、成果展示(表 3-5-1)

成　果　展　示　　　　　　　　　　　　　　　表 3-5-1

与其他组相比,本小组的工件工艺你认为如何?	工艺一般□　工艺合理□　工艺优化□
本小组人演示工件检测方法操作正确吗?	不正确□　部分正确□　正确□
本小组演示遵循了"6S"的工作要求吗?	完全没有遵循□　忽略了部分要求□　符合工作要求□
本小组的成员团队创新精神如何?	良好□　一般□　不足□
展示的工件符合技术标准吗?	合格□　不良□　返修□　报废□

二、任务总结评价表（表3-5-2）

学习任务完成情况总结评价表   表3-5-2

任务名称						组别		记录人	
任务完成 要点总结	完成任务需解决的 关键问题								
	本任务学习掌握的 知识要点								
	本任务学习掌握的 技能要点								
	完成任务运用的 学习方法								
任务完成 情况技术 评价得分	序号	评价项目	配分		评 价 细 则			得分	总分
	1	准备工作	10						
	2								
	3	工艺要求	60						
	4								
	5								
	6								
	7								
	8								
	9								
	10								
	11								
	12								
	13	清理场地	10						
	14								
	15	安全文明生产	20						
	16								
个人分项 得分	个人学习活动自主评价 均分（20%）		任务完成情况技术得分 （50%）			小组任务完成情况教师 评价得分（20%）		组长评价得分（10%）	
总评得分									
个人完成 任务心得									

学习任务四　螺纹轴零件的加工

学习目标

1. 能按照数控加工车间安全防护规定,严格执行安全操作规程。

2. 能根据零件图对完成螺纹轴的加工所需的信息进行收集和整理,并制订计划。

3. 能计算螺纹的各部分参数。

4. 能根据螺纹轴零件图样,确定螺纹轴零件数控车加工工艺,填写螺纹轴零件的加工工艺卡。

5. 能对螺纹轴零件进行编程前的数学处理。

6. 能正确编写螺纹轴零件的数控车加工程序。

7. 能应用数控车床的模拟检验功能,检查程序编写中的错误,并对程序进行优化。

8. 能根据现场条件,查阅相关资料,确定符合加工技术要求的工具、量具、夹具和辅件。

9. 能正确装夹螺纹车刀、外圆车刀等,并在数控车床上实现正确对刀。

10. 能利用 G32、G76、G92 指令分别编写螺纹程序,并能简述它们之间的不同。

11. 能独立完成螺纹轴零件的数控车加工任务。

12. 能在教师的指导下解决加工出现的常见问题。

13. 能对螺纹轴零件进行正确测量,评估与判断零件质量是否合格,并提出改进措施。

14. 能按照车间 6S 管理的要求,整理现场,保养设备并填写保养记录。

15. 能主动获取有效信息,展示学习成果,对学习与工作进行反思总结,并能与他人开展合作,进行有效沟通。

建议学时

40 学时。

任务描述

某机械厂寻求外协加工一批螺纹轴零件(图 4-0-1),件数为 100,工期为 10 天(从签订外协加工合同之日算起),包工包料。要求在 24 小时内回复是否加工并报价。现生产主管部门委托我校机电信息系数控车工组来完成此加工任务。

图 4-0-1　螺纹轴零件

任务流程

学习活动一:领取工作任务,工艺分析与编程。

学习活动二:螺纹轴模拟加工。

学习活动三:螺纹轴零件的加工任务实施。

学习活动四:螺纹轴的检验和质量分析。

学习活动五:展示评价及工作总结。

学习活动一　领取工作任务,工艺分析与编程

 学习目标

1. 能独立阅读螺纹轴零件生产任务单,明确工作任务,制订合理的工作流程。
2. 能识读零件图纸,并正确绘制螺纹轴的零件图。
3. 能计算螺纹的各部分参数。
4. 能分析零件图纸,填写零件的加工工序卡和工艺卡。
5. 能根据加工工艺、螺纹轴零件的形状和材料等选取合适的刀具,并确定适当的切削用量。
6. 能根据要求,选择合理的零件装夹方法。
7. 能制订加工螺纹轴零件的合理工艺路线。
8. 能利用 G32、G76、G92 指令分别编写螺纹轴数控加工程序,并能简述它们之间的不同。
9. 能独立编写加工螺纹轴零件的数控程序。

 建议学时

6 学时。

学习过程

一、阅读生产任务单

螺纹轴零件生产任务单见表 4-1-1。

螺纹轴零件生产任务单　　　　　　　　　　　　　　　　表 4-1-1

单位名称				完成时间		年　月　日
序号	产品名称	材料	生产数量	技术要求、质量要求		
1	螺纹轴	45 钢	100 件	按图样要求		
2						
3						
生产批准时间		年 月　日	批准人			
通知任务时间		年 月　日	发单人			
接单时间		年 月　日	接单人		生产班组	

根据任务单回答下面的问题。

(1)普通螺纹的主要参数有:_____。

(2)普通螺纹的公称直径是指螺纹的_____。

(3)导程 P_h、螺距 P 和线数 Z 的关系为:_____。

(4)根据牙型不同,螺纹可分为:_____、_____、_____

_____。

二、图形样板

加工如图 4-1-1 所示零件,毛坯尺寸为 ϕ45mm × 105mm,材料为 45 钢。

1. 识读零件图,解读螺纹轴信息

(1)螺纹轴零件的总长:_____。

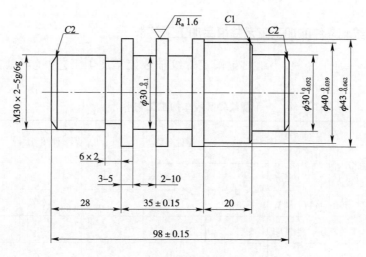

图 4-1-1 螺纹轴零件(尺寸单位:mm)

(2)螺纹轴的技术要求:_____

_____。

(3)螺纹轴的材料:_____。

(4)重要尺寸及其偏差:_____。

2.通过查阅资料整理以下信息

(1)解释 M24 ×2 –5g/6g 的含义。

(2)根据螺旋线的方向不同,螺纹分为_____ 和 _____。

(3)试计算 M24 ×2 –5g/6g 的螺纹大径、螺纹中径、螺纹小径。

(4)试举几例生活中利用螺纹的例子(至少 3 个)。

3.绘制零件图

请你根据绘图要求,用手绘方式绘制螺纹轴零件图,看谁绘得又好又快。

三、确定螺纹轴零件的加工工艺并填写加工工艺卡

根据普通车床加工经验,小组讨论确定螺纹轴数控车加工工艺并填写加工工艺卡,见表 4-1-2。

螺纹轴数控车加工工艺卡　　　　　　　　　表 4-1-2

（工厂名）	机械加工工艺过程卡片	产品名称及型号		零件名称			零件图号			
		材料	名称	毛坯	种类		零件质量（kg）	毛		第　页
			牌号		尺寸			净		共　页
			性能							
工序号	工序内容	车间	设备	工具			计划工时		实际工时	
				夹具	量具	刃具				
1										
2										
3										
4										
5										
6										
7										
更改内容										
编制		抄写		校对		审核		批准		

四、数控加工工艺分析

（1）根据螺纹轴加工内容,填写螺纹轴加工的车削刀具卡(表 4-1-3)。

螺纹轴加工的车削刀具卡　　　　　　　　　表 4-1-3

刀具名称	刀具规格	材料	数量	刀具用途	备注

（2）根据以上分析，制订螺纹轴零件的数控加工工序卡（表4-1-4）。

螺纹轴零件数控加工工序卡 表4-1-4

单位名称	机械加工工序卡片	产品名称或代号		零件名称	零件图号	工序名称	工序号	第　页
								共　页
画工序简图				车间	工段	材料名称	材料牌号	力学性能
				同时加工件数	每批坯料的件数	技术等级	单件时间（min）	准备时间/终结时间（min）
				设备名称	设备编号	夹具名称	夹具编号	切削液
				更改内容				
工步号	工步内容	刀具号		刀具规格（mm）	主轴转速（r/min）	进给速度（mm/min）	背吃刀量（mm）	备注
编制		审核		批准			共　页	第　页

五、编制程序

（1）试用 G32 指令编写螺纹轴加工数据程序。

（2）试用 G76 指令编写螺纹轴加工数据程序。

（3）试用 G92 指令编写螺纹轴加工数据程序。

（4）指出 G32、G76 与 G92 各自的特点。

（5）根据零件图样,写出螺纹轴的加工程序(可附纸)(表 4-1-5)。

螺纹轴的加工程序 表 4-1-5

程 序 段 号	程　　序	注　　解

六、学习活动一小结(表4-1-6)

学习活动执行情况总结评价表 表 4-1-6

活动名称				组别		记录人	
本活动涉及知识及技能要点总结	活动需解决的关键问题						
	活动需解决的难点问题						
	活动需掌握的知识要点						
	活动需掌握的技能要点						
个人学习情况评价	本人承担的任务						
	完成情况	完成比例(百分比%)		完成时间(按时、延时)		完成效果(优、良、一般)	
	本次活动完成个人主要贡献						
本组成员贡献评价	本组完成学习活动情况评价情况记录(在相应选项下画√并获得相应系数分)	优秀(3)		良好(2.5)		一般(1.5)	较差(0)
	活动明星	最佳组织奖		最佳表达奖		最佳贡献奖	

学习活动二　螺纹轴模拟加工

🎓 **学习目标**

1. 能遵守机房各项管理规定,按要求使用计算机。
2. 能熟练应用仿真软件的界面及验证程序的过程。
3. 能快速选择毛坯、设置刀具。
4. 能熟悉零件的仿真精加工步骤。

5. 能够运用指令编写加工程序,掌握对刀仿真操作与零件仿真加工过程。

6. 能在程序中对错误程序进行修改。

建议学时

6 学时。

学习过程

一、模拟加工设置

(1)简述设置机床类型的步骤。

(2)简述设置夹具的步骤。

(3)简述选择毛坯大小的步骤。

二、模拟加工

(1)简述螺纹车刀 Z 轴方向如何对刀。

(2)运用已编好的加工程序,观察仿真软件生成的刀具路径是否符合螺纹轴零件加工要求。如果不符合要求,记录下来,以便更正。

问题①:

问题②:

问题③:

(3)根据螺纹轴模拟加工问题的记录,分析出现问题的原因,并在小组讨论中提出预防措施或改进方法,填入表 4-2-1 中,以提高加工质量和效率。

螺纹轴模拟加工问题   表 4-2-1

问 题	原 因	预防措施或改进方法

(4)加工完后测量螺纹的尺寸,如果发现尺寸不符合要求,如何解决?

三、学习活动二小结(表4-2-2)

学习活动执行情况总结评价表   表 4-2-2

活动名称			组别		记录人		
本活动涉及知识及技能要点总结	活动需解决的关键问题						
	活动需解决的难点问题						
	活动需掌握的知识要点						
	活动需掌握的技能要点						
个人学习情况评价	本人承担的任务						
	完成情况	完成比例（百分比%）		完成时间（按时、延时）		完成效果（优、良、一般）	
	本次活动完成个人主要贡献						
本组成员贡献评价	本组完成学习活动情况评价情况记录(在相应选项下画√并获得相应系数分)	优秀(3)		良好(2.5)		一般(1.5)	较差(0)
	活动明星	最佳组织奖		最佳表达奖		最佳贡献奖	

学习活动三　螺纹轴零件的加工任务实施

 学习目标

1. 能根据现场条件查阅相关资料,确定符合加工技术要求的工具、量具、夹具和辅件。
2. 能按图纸要求,测量毛坯外形尺寸,判断毛坯是否有足够的加工余量。
3. 能描述切削液的种类和使用场合,正确选择本次任务要用的切削液。
4. 能正确装夹工件,并对其进行找正。
5. 能正确规范地装夹数控刀具,并能正确进行刀具的换刀及对刀工作。
6. 能严格按数控车床操作规程,进行螺纹轴零件的加工。
7. 能根据切削状态调整切削用量,保证正常切削,并适时检测,保证螺纹轴零件加工精度。
8. 能在教师的指导下解决加工中出现的问题。
9. 能按产品工艺流程和车间要求,进行产品交接并规范填写交接班记录。
10. 能严格按车间规定,正确规范保养数控机床。

建议学时

22 学时。

 学习过程

一、加工准备

1. 刀具及工具、量具、辅具准备

(1)加工时你用到了哪些刀具? 请列在表4-3-1 中。

刀 具 清 单　　　　　　　　　　　　　　　　表4-3-1

序号	刀具名称	刀具编号	刀具材料	型号或规格
1				
2				
3				
4				
5				
6				
7				
8				

(2)你用到哪些工具、量具、辅具,请填写在表4-3-2 中。

工具、量具、辅具清单　　　　　　　　　　　表4-3-2

类别	序号	名　　称	型号或规格	数　　量	备　　注
量具	1				
	2				
	3				
	4				

类别	序号	名　　　称	型号或规格	数　　量	备　　注
工具	1				
	2				
	3				
	4				
辅具	1				
	2				
	3				
	4				

根据以上清单领取工具、刀具、量具以及辅具并规范摆放。

2．领取毛坯料

领取毛坯料，并测量毛坯外形尺寸，判断毛坯是否有足够的加工余量。记录所领毛坯料的实际尺寸。

3．选择切削液

本次加工应选用哪种切削液？为什么？

二、加工零件

1．机床准备（表4-3-3）

机 床 准 备　　　　　　　　　　　　　　　　表4-3-3

项目	数控系统部分			电器部分		机械部分				辅助部分	
设备检查	电器元件	控制部分	驱动部分	主电源	冷却风扇	主轴部分	进给部分	刀库部分	润滑部分	润滑	冷却
检查情况											

注：经检查后该部分完好，在相应项目下做"√"标记；若出现问题及时报修。

（1）启动机床。

（2）机床各轴回机床参考点。

（3）输入数控加工程序并检验。

2．安装工件

正确装夹工件，并对其进行找正。

3．装夹刀具

（1）正确装夹合适的刀具，确保刀具牢固可靠，并通过 MDI 操作设定主轴转速。

（2）外螺纹车刀与外圆车刀对刀法是否相同？如果不同，简述外螺纹车刀应如何对刀。

4. 对刀

把外圆车刀与切断刀、外螺纹车刀对刀参数记录在表 4-3-4 中。

对 刀 参 数

刀具参数\n刀具名称	X	Z	R	T
外圆车刀(T0101)				
切断刀(T0202)				
外螺纹车刀(T0303)				

5. 录入程序并校验

(1)你所录程序的程序名是：_____。

(2)是否有子程序？是否调运？

(3)把通过校验的程序录入到数控机床中。

(4)对照程序单检查程序,并注意程序功能是否齐全。

6. 自动加工

(1)为了保证零件的加工精度,在粗加工后应检测零件各部分的尺寸,记录并确定补偿值,见表 4-3-5。

检 测 数 据 表
表 4-3-5

序 号	直径测量数据	补偿数据(X轴磨耗)	长度测量数据	补偿数据(Z轴磨耗)

(2)加工中注意观察刀具切削情况,记录加工中不合理的因素,以便纠正,提高工作效率(如切削用量、加工路径是否合理,刀具是否有干涉等)。将螺纹轴加工中遇到的问题填入表 4-3-6 中。

螺纹轴加工中遇到的问题
表 4-3-6

问 题	产 生 原 因	预防措施或改进方法

三、学习活动三小结（表4-3-7）

活动名称				组别		记录人	
本活动涉及知识及技能要点总结	活动需解决的关键问题						
	活动需解决的难点问题						
	活动需掌握的知识要点						
	活动需掌握的技能要点						
个人学习情况评价	本人承担的任务						
	完成情况	完成比例（百分比%）		完成时间（按时、延时）		完成效果（优、良、一般）	
	本次活动完成个人主要贡献						
本组成员贡献评价	本组完成学习活动情况评价情况记录（在相应选项下画√并获得相应系数分）	优秀(3)		良好(2.5)		一般(1.5)	较差(0)
	活动明星	最佳组织奖		最佳表达奖		最佳贡献奖	

学习活动四　螺纹轴的检验和质量分析

学习目标

1. 能选择合适的量具,完成螺纹轴零件各要素的直接和间接测量。
2. 能根据零件的检测结果,分析误差产生的原因。
3. 能正确规范地使用工、量具,并对其进行合理保养和维护,注意工、量具的摆放。
4. 能根据检测结果,正确填写检验报告单。
5. 能按检验室管理要求,正确放置和检验工、量具。

建议学时

4学时。

学习过程

一、螺纹轴质量检验单（供参考,学生可通过讨论自行确定）

螺纹轴质量检验单见表4-4-1。

考核项目	序号	技术要求	检验结果	是否合格
外圆	1	$\phi 30^{+0}_{-0.052}$ mm		
	2	$\phi 40^{+0}_{-0.039}$ mm		
	3	$\phi 43^{+0}_{-0.062}$ mm		
	4	$\phi 30^{+0}_{-0.1}$ mm		
长度	5	28mm		
	6	35mm ± 0.15mm		
	7	20mm		
	8	98mm ± 0.15mm		
	9	5mm		
槽	10	6mm × 2mm		
	11	10mm		
倒角	12	C2mm（2处）		
	13	C1mm		
螺纹	14	M30 × 2 − 5g6g		
表面粗糙度	15	R_a1.6μm		
	16	R_a3.2μm		

二、做出评定

根据质量检验报告单对产品质量做出评定（在符合的选项上打"√"）。

合格□   次品□   废品□

三、不合格尺寸分析

填写表4-4-2,说说你的产品哪些尺寸不合格？是什么原因造成的？如何来解决？

不合格尺寸分析   表4-4-2

不合格尺寸		产生的原因	造成的后果	解决的办法
标注尺寸	测量尺寸			

学习活动五   展示评价及工作总结

学习目标

1. 能进行分组展示工作成果,说明本次的任务的完成情况,并作分析总结。

2. 能结合自身完成情况,认真填写工作总结。

3. 能根据老师的评价,反思自身的不足,并在以后的工作中不断改正。

建议学时

2学时。

学习过程

一、成果展示（表4-5-1）

成 果 展 示   表4-5-1

与其他组相比,本小组的工件工艺你认为如何?	工艺一般☐ 工艺合理☐ 工艺优化☐
本小组人演示工件检测方法操作正确吗?	不正确☐ 部分正确☐ 正确☐
本小组演示遵循了"6S"的工作要求吗?	完全没有遵循☐ 忽略了部分要求☐ 符合工作要求☐
本小组的成员团队创新精神如何?	良好☐ 一般☐ 不足☐
展示的工件符合技术标准吗?	合格☐ 不良☐ 返修☐ 报废☐
本小组的检测量具、量仪保养完好吗?	很好☐ 一般☐ 不符合要求☐

二、任务总结评价表（表4-5-2）

学习任务完成情况总结评价表   表4-5-2

任务名称				组别		记录人		
任务完成要点总结	完成任务需解决的关键问题							
	本任务学习掌握的知识要点							
	本任务学习掌握的技能要点							
	完成任务运用的学习方法							
任务完成情况技术评价得分	序号	评价项目	配分	评 价 细 则			得分	总分
	1	准备工作	10					
	2							
	3	工艺要求	60					
	4							
	5							
	6							
	7							
	8							
	9							
	10							
	11							
	12							
	13	清理场地	10					
	14							
	15	安全文明生产	20					
	16							
个人分项得分	个人学习活动自主评价均分(20%)		任务完成情况技术得分(50%)		小组任务完成情况教师评价得分(20%)		组长评价得分(10%)	
总评得分								
个人完成任务心得								

学习任务五　带V形槽的螺纹轴加工

学习目标

1. 能按照数控加工车间安全防护规定,严格执行安全操作规程。

2. 能根据零件图对完成带V形槽的螺纹轴零件加工所需信息进行收集和整理,并制订计划。

3. 能掌握带V形槽的螺纹轴零件加工方法。

4. 能根据带V形槽的螺纹轴零件图样,确定该零件的数控车加工工艺,填写带V形槽的螺纹轴零件的加工工艺卡。

5. 能对带V形槽的螺纹轴零件进行编程前的数学处理。

6. 能正确编写带V形槽的螺纹轴零件的数控车加工程序。

7. 能应用数控车床的模拟检验功能,检查程序编写中的错误,并对程序进行优化。

8. 能根据现场条件,查阅相关资料,确定符合加工技术要求的工具、量具、夹具和辅件。

9. 能正确装夹外圆车刀、切槽刀、三角形螺纹刀,并在数控车床上实现正确对刀。

10. 能利用切槽刀车削V形槽,利用G76车削螺纹。

11. 能独立完成带V形槽的螺纹轴零件的数控车加工任务。

12. 能在教师的指导下解决加工出现的常见问题。

13. 能对带V形槽的螺纹轴零件进行正确测量,评估与判断零件质量是否合格,并提出改进措施。

14. 能按照车间6S管理的要求,整理现场,保养设备并填写保养记录。

15. 能主动获取有效信息,展示学习成果,对学习与工作进行反思总结,并能与他人开展合作,进行有效沟通。

建议学时

40学时。

任务描述

某机械厂寻求外协加工一批带V形槽的螺纹轴零件(图5-0-1),件数为100,工期为10天(从签订外协加工合同之日算起),包工包料。要求在24小时内回复是否加工并报价。现生产主管部门委托我校机电信息系数控车工组来完成此加工任务。

图5-0-1　带V形槽的
螺纹轴零件

任务流程

学习活动一:领取工作任务,工艺分析与编程。

学习活动二:带V形槽的螺纹轴模拟加工。

学习活动三:带V形槽的螺纹轴零件的加工任务实施。

学习活动四:带V形槽的螺纹轴零件的检验和质量分析。

学习活动五:展示评价及工作总结。

学习活动一 领取工作任务,工艺分析与编程

 学习目标

1.能独立阅读带 V 形槽的螺纹轴零件生产任务单,明确工作任务,制订合理的工作流程。

2.能识读零件图纸,并正确绘制带 V 形槽的螺纹轴的零件图。

3.能掌握带 V 形槽的螺纹轴零件的加工方法。

4.能分析零件图纸,填写零件的加工工序卡和工艺卡。

5.能根据加工工艺、带 V 形槽的螺纹轴零件的形状和材料等选取合适的刀具,并确定适当的切削用量。

6.能根据要求,选择合理的零件装夹方法。

7.能制订加工带 V 形槽的螺纹轴零件的合理工艺路线。

8.能利用切槽刀车削 V 形槽,利用 G76 车削螺纹。

9.能独立编写带 V 形槽的螺纹轴零件的数控程序。

 建议学时

6 学时。

 学习过程

一、阅读生产任务单

带 V 形槽的螺纹轴零件生产任务单见表 5-1-1。

带 V 形槽的螺纹轴零件生产任务单　　　　　　　　表 5-1-1

单位名称				完成时间		年　月　日	
序号	产品名称	材料	生产数量	技术要求、质量要求			
1	带 V 形槽的螺纹轴零件	45 钢	100 件	按图样要求			
2							
3							
生产批准时间		年　月　日	批准人				
通知任务时间		年　月　日	发单人				
接单时间		年　月　日	接单人		生产班组		

根据任务单回答下面的问题:

(1)带 V 形槽的螺纹轴零件用哪种材料制作?

(2)列举你见过的带 V 形槽的零件。

二、图形样板

加工如图 5-1-1 所示零件,毛坯尺寸为 ϕ60mm × 125mm,材料为 45 钢。

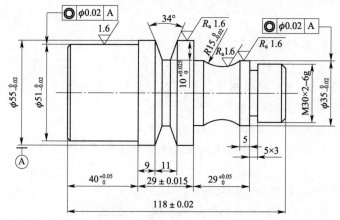

图 5-1-1 带 V 形槽的螺纹轴图样(尺寸单位:mm)

1. 识读零件图,解读带 V 形槽的螺纹轴零件的信息

(1)带 V 形槽的螺纹轴零件的总长:_____。

(2)带 V 形槽的螺纹轴零件的技术要求:_____

_____。

(3)带 V 形槽的螺纹轴零件的材料:_____。

(4)重要尺寸及其偏差:_____。

2. 通过查阅资料整理以下信息

(1)带 V 形槽的螺纹轴零件的最大直径是多少?

(2)带 V 形槽的螺纹轴零件的最小表面粗糙度是多少?

(3)带 V 形槽的螺纹轴的螺纹是什么牙型? 主要用于什么场合?

3. 绘制零件图

请你根据绘图要求,用手绘方式绘制带 V 形槽的螺纹轴图,看谁绘得又好又快。

三、确定带V形槽的螺纹轴零件的加工工艺并填写加工工艺卡

根据普通车床加工经验,小组讨论确定带V形槽的螺纹轴数控车加工工艺并填写加工工艺卡,见表5-1-2。

带V形槽的螺纹轴数控车加工工艺卡　　　　　　　　　　　　　　表5-1-2

（工厂名）	机械加工工艺过程卡片	产品名称及型号		零件名称			零件图号			
		材料	名称	毛坯	种类		零件质量(kg)	毛		第　页
			牌号		尺寸			净		共　页
			性能	每批坯料的件数			每台件数		每批件数	
工序号	工序内容	车间	设备	工具			计划工时		实际工时	
				夹具	量具	刀具				
1										
2										
3										
4										
5										
6										
7										
更改内容										
编制		抄写		校对		审核		批准		

经小组讨论可以选择其他的加工工艺方案。

四、数控加工工艺分析

（1）根据带V形槽的螺纹轴加工内容,完成该轴加工的车削刀具卡（表5-1-3）。

带V形槽的螺纹轴加工的车削刀具卡　　　　　　　　表5-1-3

刀具名称	刀具规格	材料	数量	刀具用途	备注

（2）根据以上分析,制订带V形槽的螺纹轴零件的数控加工工序卡（表5-1-4）。

单位名称	机械加工工序卡片	产品名称或代号		零件名称	零件图号	工序名称	工序号	第　页
								共　页
画工序简图				车间	工段	材料名称	材料牌号	力学性能
				同时加工件数	每批坯料的件数	技术等级	单件时间（min）	准备时间/终结时间（min）
				设备名称	设备编号	夹具名称	夹具编号	切削液
				更改内容				
工步号	工步内容	刀具号	刀具规格（mm）	主轴转速（r/min）	进给速度（mm/min）	背吃刀量（mm）	备注	
编制		审核		批准		共　页	第　页	

五、编制程序

(1)试计算 V 形槽的尺寸宽度。

(2)车削 V 形槽应选用什么刀具？并画出切削时的刀尖。

(3)根据零件图样,写出带 V 形槽的螺纹轴的加工程序(可附纸)(表5-1-5)。

带 V 形槽的螺纹轴的加工程序   表 5-1-5

程 序 段 号	程　　　序	注　　　解

六、学习活动一小结(表 5-1-6)

学习活动执行情况总结评价表   表 5-1-6

活动名称				组别		记录人	
本活动涉及知识及技能要点总结	活动需解决的关键问题						
	活动需解决的难点问题						
	活动需掌握的知识要点						
	活动需掌握的技能要点						
个人学习情况评价	本人承担的任务						
	完成情况	完成比例(百分比%)		完成时间(按时、延时)		完成效果(优、良、一般)	
	本次活动完成个人主要贡献						
本组成员贡献评价	本组完成学习活动情况评价情况记录(在相应选项下画√并获得相应系数分)	优秀(3)		良好(2.5)		一般(1.5)	较差(0)
	活动明星	最佳组织奖		最佳表达奖		最佳贡献奖	

学习活动二　带 V 形槽的螺纹轴模拟加工

 学习目标

1. 能遵守机房各项管理规定,按要求使用计算机。
2. 能熟练应用仿真软件的界面及验证程序的过程。
3. 能快速选择毛坯、设置刀具。
4. 能熟悉零件的仿真精加工步骤。
5. 能够运用指令编写加工程序,掌握对刀仿真操作与零件仿真加工过程。
6. 能在程序中对错误程序进行修改。

 建议学时

6 学时。

学习过程

一、模拟加工设置

(1)应选择哪种类型的机床?

(2)毛坯应选择 ϕ 为多少? 长度为多少? 毛坯应放在何处?

(3)切槽刀的刀尖宽度是多少?

二、模拟加工

(1)试描述切槽刀的走刀路径。

(2)运用已编制好的加工程序,观察仿真软件生成的刀具路径是否符合带 V 形槽的螺纹轴零件的加工要求。如果不符合要求,请记录下来,以便更正。

问题①:

问题②:

问题③:

（3）根据带 V 形槽的螺纹轴模拟加工问题的记录,分析出现问题的原因,并在小组讨论中提出预防措施或改进方法,填入表 5-2-1 中,以提高加工质量和效率。

带 V 形槽的螺纹轴模拟加工问题　　　　　　　　　　　表 5-2-1

问　　题	原　　因	预防措施或改进方法

（4）加工完后测量带 V 形槽的螺纹轴的尺寸,如果发现尺寸不符合要求,如何解决?

三、学习活动二小结（表 5-2-2）

学习活动执行情况总结评价表　　　　　　　　　　　表 5-2-2

活动名称			组别		记录人	
本活动涉及知识及技能要点总结	活动需解决的关键问题					
	活动需解决的难点问题					
	活动需掌握的知识要点					
	活动需掌握的技能要点					
个人学习情况评价	本人承担的任务					
	完成情况	完成比例（百分比%）		完成时间（按时、延时）		完成效果（优、良、一般）
	本次活动完成个人主要贡献					
本组成员贡献评价	本组完成学习活动情况评价情况记录（在相应选项下画√并获得相应系数分）	优秀(3)		良好(2.5)	一般(1.5)	较差(0)
	活动明星	最佳组织奖		最佳表达奖	最佳贡献奖	

学习活动三　带 V 形槽的螺纹轴零件的加工任务实施

学习目标

1. 能根据现场条件,查阅相关资料,确定符合加工技术要求的工具、量具、夹具和辅件。

2. 能按图纸要求,测量毛坯外形尺寸,判断毛坯是否有足够的加工余量。

3. 能校验和检查所用量具的误差。

4. 能正确装夹工件,并对其进行找正。

5. 能正确规范地装夹数控刀具,并能正确进行刀具的换刀及对刀工作。

6. 能严格按照数控车床操作规程,进行带 V 形槽的螺纹轴零件的加工。

7. 能根据切削状态调整切削用量,保证正常切削,并适时检测,保证带 V 形槽的螺纹轴零件加工精度。

8. 能在教师的指导下解决加工中出现的问题。

9. 能按产品工艺流程和车间要求,进行产品交接并规范填写交接班记录。

10. 能按照车间管理规定,正确规范地保养数控机床。

建议学时

22 学时。

学习过程

一、加工准备

1. 刀具及工具、量具、辅具准备

(1)加工时你用到了哪些刀具? 请列在表 5-3-1 中。

刀 具 清 单 表　　　　　　　　　　　　表 5-3-1

序号	刀具名称	刀具编号	刀具材料	型号或规格
1				
2				
3				
4				
5				
6				
7				
8				

(2)你用到哪些工具、量具、辅具,请填写在表 5-3-2 中。

工具、量具、辅具清单　　　　　　　　　　　　　　　　表 5-3-2

类别	序号	名　　称	型号或规格	数　　量	备　　注
量具	1				
	2				
	3				
	4				
工具	1				
	2				
	3				
	4				
辅具	1				
	2				
	3				
	4				

根据以上清单领取工具、刀具、量具以及辅具并规范摆放。

2. 领取毛坯料

领取毛坯料,并测量毛坯外形尺寸,判断毛坯是否有足够的加工余量。记录所领毛坯料的实际尺寸。

3. 选择切削液

根据本次加工对象及所用刀具,确定本次应选择哪种切削液? 为什么?

二、加工零件

1. 机床准备(表 5-3-3)

机　床　准　备　　　　　　　　　　　　　　　　　　表 5-3-3

项目	机械部分			电器部分		数控系统部分				辅助部分	
设备检查	主轴部分	进给部分	刀库部分	润滑部分	主电源	冷却风扇	电器元件	控制部分	驱动部分	冷却	润滑
检查情况											

注:经检查后该部分完好,在相应项目下打"√";若出现问题及时报修。

(1)启动机床。

(2)机床各轴回机床参考点。

(3)输入数控加工程序并检验。

2. 安装工件

正确装夹工件,并对其进行找正。

3. 装夹刀具

(1)正确装夹合适的刀具,确保刀具牢固可靠,并通过 MDI 操作设定主轴转速。

(2)怎样装夹螺纹刀? 螺纹刀 Z 向如何对刀?

(3)钻孔时,怎样得知深孔的尺寸为所需要的尺寸?

4. 对刀

把外圆车刀、内孔刀、螺纹刀、切槽刀对刀参数记录在表5-3-4 中。

对 刀 参 数

表 5-3-4

刀具参数 刀具名称	X	Z	R	T
外圆车刀(T0101)				
内孔刀(T0202)				
螺纹刀(T0303)				
切槽刀(T0404)				

5. 录入程序并校验

(1)你所录程序的程序名是: _____。

(2)把通过校验的程序录入到数控机床中。

(3)对照程序单检查程序,并注意程序功能是否齐全。

6. 自动加工

(1)为了保证零件的加工精度,在粗加工后应检测零件各部分的尺寸,记录并确定补偿值,见表5-3-5。

检 测 数 据 表

表 5-3-5

序号	直径测量数据	补偿数据(X 轴磨耗)	长度测量数据	补偿数据(Z 轴磨耗)

(2)加工中注意观察刀具切削情况,记录加工中不合理的因素,以便纠正,提高工作效率(如切削用量、加工路径是否合理,刀具是否有干涉等)。将带 V 形槽的螺纹轴零件加工中遇到的问题填入表5-3-6 中。

带 V 形槽的螺纹轴零件加工中遇到的问题

表 5-3-6

问 题	产生原因	预防措施或改进方法

三、学习活动三小结（表5-3-7）

学习活动执行情况总结评价表　　　　　　　　　　　表5-3-7

活动名称				组别		记录人	
本活动涉及知识及技能要点总结	活动需解决的关键问题						
	活动需解决的难点问题						
	活动需掌握的知识要点						
	活动需掌握的技能要点						
个人学习情况评价	本人承担的任务						
	完成情况	完成比例（百分比%）		完成时间（按时、延时）		完成效果（优、良、一般）	
	本次活动完成个人主要贡献						
本组成员贡献评价	本组完成学习活动情况评价情况记录（在相应选项下画√并获得相应系数分）	优秀（3）		良好（2.5）	一般（1.5）		较差（0）
	活动明星	最佳组织奖		最佳表达奖		最佳贡献奖	

学习活动四　带 V 形槽的螺纹轴零件的检验和质量分析

 学习目标

1. 能选择合适的量具，完成带 V 形槽的螺纹轴零件各要素的直接和间接测量。

2. 能根据零件的检测结果，分析误差产生的原因。

3. 能正确规范地使用工、量具，并对其进行合理保养和维护，注意工、量具的摆放。

4. 能根据检测结果，正确填写检验报告单。

5. 能按检验室管理要求，正确放置和检验工、量具。

 建议学时

4 学时。

学习过程

一、带 V 形槽的螺纹轴零件质量检验单（供参考，学生可通过讨论自行确定）

带 V 形槽的螺纹轴零件质量检验单见表5-4-1。

考核项目	序号	技 术 要 求	检 验 结 果	是 否 合 格
外圆	1	$\phi\,55^{+0}_{-0.02}$ mm		
	2	$\phi\,51^{+0}_{-0.02}$ mm		
	3	$\phi\,35^{+0}_{-0.02}$ mm		
长度	4	118mm ± 0.02mm		
	5	$40^{+0.02}_{-0}$ mm		
	6	29mm ± 0.015mm		
	7	$29^{+0.03}_{-0}$ mm		
	8	9mm		
	9	5mm(2 处)		
槽	10	5mm × 3mm		
	11	$11.1 \times 10^{+0.025}_{-0} \times (34° ± 2°)$		
内孔	12	$\phi\,30^{+0.025}_{-0}$ mm		
	13	$\phi\,20^{+0.025}_{-0}$ mm		
螺纹	14	M30 × 2 – 6g		
圆弧	15	$R\,15^{+0}_{-0.02}$ mm		
角度	16	30°		
表面粗糙度	17	$R_a 1.6\mu m$		

二、做出评定

根据质量检验报告单对产品质量做出评定(在符合的选项上打"√")。

合格□　次品□　废品□

三、不合格尺寸分析

填写表 5-4-2,说说你的产品哪些尺寸不合格? 是什么原因造成的? 如何来解决?

不合格尺寸分析　　　　　　表 5-4-2

不合格尺寸		产生的原因	造成的后果	解决的办法
标注尺寸	测量尺寸			

学习活动五　展示评价及工作总结

 学习目标

1. 能进行分组展示工作成果,说明本次的任务的完成情况,并作分析总结。
2. 能结合自身完成情况,认真填写工作总结。
3. 能根据老师的评价,反思自身的不足,并在以后的工作中不断改正。

建议学时

2 学时。

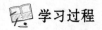 学习过程

一、成果展示(表 5-5-1)

成 果 展 示   表 5-5-1

与其他组相比,本小组的工件工艺你认为如何?	工艺一般□ 工艺合理□ 工艺优化□
本小组人演示工件检测方法操作正确吗?	不正确□ 部分正确□ 正确□
本小组演示遵循了"6S"的工作要求吗?	完全没有遵循□ 忽略了部分要求□ 符合工作要求□
本小组的成员团队创新精神如何?	良好□ 一般□ 不足□
展示的工件符合技术标准吗?	合格□ 不良□ 返修□ 报废□

二、任务总结评价表(表 5-5-2)

学习任务完成情况总结评价表   表 5-5-2

任务名称				组别		记录人		
任务完成要点总结	完成任务需解决的关键问题							
	本任务学习掌握的知识要点							
	本任务学习掌握的技能要点							
	完成任务运用的学习方法							
任务完成情况技术评价得分	序号	评价项目	配分	评 价 细 则			得分	总分
	1	准备工作	10					
	2							
	3	工艺要求	60					
	4							
	5							
	6							
	7							
	8							
	9							
	10							
	11							
	12							
	13	清理场地	10					
	14							
	15	安全文明生产	20					
	16							
个人分项得分	个人学习活动自主评价均分(20%)		任务完成情况技术得分(50%)		小组任务完成情况教师评价得分(20%)		组长评价得分(10%)	
总评得分								
个人完成任务心得								

学习任务六 灯泡模型的数控车加工

图6-0-1 灯光模型零件

学习活动一　领取工作任务,工艺分析与编程

 学习目标

1. 能独立阅读灯泡模型零件生产任务单,明确工作任务,制订合理的工作流程。
2. 能识读零件图纸,并正确绘制灯泡模型零件图。
3. 能分析零件图纸,填写零件的加工工序卡和工艺卡。
4. 能根据加工工艺、灯泡模型的形状和材料等选取合适的刀具,并确定适当的切削用量。
5. 能根据要求,选择合理的零件装夹方法。
6. 能制订加工灯泡模型的合理工艺路线。
7. 能独立编写加工灯泡模型的数控程序。

 建议学时

6 学时。

学习过程

一、阅读生产任务单

灯泡模型零件生产任务单见表 6-1-1。

灯泡模型零件生产任务单　　　　　　　　　　　　　　　　表 6-1-1

单位名称				完成时间	年　月　日
序号	产品名称	材料	生产数量	技术要求、质量要求	
1	灯泡模型	45 钢	50 件	按图样要求	
2					
3					
生产批准时间		年　月　日	批准人		
通知任务时间		年　月　日	发单人		
接单时间		年　月　日	接单人		生产班组

根据任务单回答下面的问题:

(1)查阅资料,从材料的特性考虑,说明实际生活中灯泡为什么用玻璃制造?

(2)本生产任务工期为 5 天,试依据任务要求,制订合理的工作进度计划,并根据小组成员的特点进行分工,见表 6-1-2。

工 作 进 度 计 划　　　　　　　　　　表 6-1-2

序号	工 作 内 容	时　　间	成　　员	负　责　人
1	工艺分析			
2	程序编制			
3	车削加工			
4	成品检验与质量分析			

二、图形样板

加工如图 6-1-1 所示零件,毛坯尺寸为 $\phi55mm \times 90mm$,材料为 45 钢。

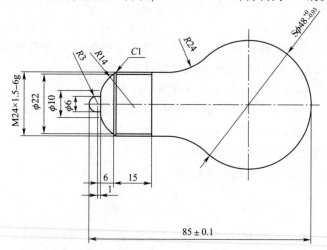

图 6-1-1　灯光模型图样(尺寸单位:mm)

1. 识读零件图,解读灯泡模型零件信息

(1)该零件图纸的名称是_____ 。

(2)该零件外圆直径尺寸有_____、_____、_____。

(3)该零件长度尺寸有_____ 、_____、_____、_____ 、_____ 。

(4)该零件的圆弧尺寸有_____、_____ 、_____。

(5)该灯泡模型的球面直径是_____ 。

2. 通过查阅资料整理以下信息

(1)该灯泡模型的定位基准是_____ 。

(2)M24 $\times$ 1.5 $-$ 6g 表示_____。

(3)表面粗糙度的含义是_____ 。

3. 绘制零件图

请你根据绘图要求,用手绘方式绘制灯泡模型零件图,看谁绘得又好又快。

三、确定灯泡模型零件的加工工艺并填写加工工艺卡

小组讨论确定灯泡模型零件数控加工工艺并填写加工工艺卡,见表6-1-3。

灯泡模型零件数控加工工艺卡 表6-1-3

单位名称		产品名称		图号		数量	
		零件名称		材料		毛坯尺寸	
工序号	工 序 内 容		车间	设备	工具		计划工时	实际工时
					夹具	量具		
1								
2								
3								
4								
5								
6								
7								
编制		审核		批准		共 页		第 页

四、数控加工工艺分析

（1）根据灯泡模型零件加工内容,填写车削刀具卡（表6-1-4）。

灯泡模型零件加工的车削刀具卡 表6-1-4

刀具名称	刀具规格	材料	数量	刀具用途	备注

(2)根据以上分析,制订灯泡模型零件的数控加工工序卡(表6-1-5)。

灯光模型零件数控加工工序卡　　　　　表 6-1-5

单位名称	机械加工工序卡片	产品名称或代号	零件名称	零件图号	工序名称	工序号	第　页
							共　页
画工序简图			车间	工段	材料名称	材料牌号	力学性能
			同时加工件数	每批坯料的件数	技术等级	单件时间（min）	准备时间/终结时间（min）
			设备名称	设备编号	夹具名称	夹具编号	切削液
			更改内容				

工步号	工步内容	刀具号	刀具规格（mm）	主轴转速（r/min）	进给速度（mm/min）	背吃刀量（mm）	备注
编制		审核		批准		共　页	第　页

五、编制程序

(1)绘制零件简图,画出编程坐标系并标出编程原点。

(2)根据零件图样,写出加工灯泡模型用到的编程指令。

（3）根据零件图样,写出灯光模型的加工程序(可附纸)(表6-1-6)。

灯光模型的加工程序　　　　　　　　　　　　　　　　　表6-1-6

程 序 段 号	程 序	注 解

六、学习活动一小结(表6-1-7)

学习活动执行情况总结评价表　　　　　　　　　　　　　表6-1-7

活动名称			组别		记录人	
本活动涉及知识及技能要点总结	活动需解决的关键问题					
	活动需解决的难点问题					
	活动需掌握的知识要点					
	活动需掌握的技能要点					
个人学习情况评价	本人承担的任务					
	完成情况	完成比例(百分比%)		完成时间(按时、延时)		完成效果(优、良、一般)
	本次活动完成个人主要贡献					
本组成员贡献评价	本组完成学习活动情况评价情况记录(在相应选项下画√并获得相应系数分)	优秀(3)		良好(2.5)	一般(1.5)	较差(0)
	活动明星	最佳组织奖		最佳表达奖		最佳贡献奖

学习活动二　灯泡模型零件的加工

 学习目标

1. 能根据现场条件,查阅相关资料,确定符合加工技术要求的工具、量具、夹具和辅件。
2. 能按图纸要求,测量毛坯外形尺寸,判断毛坯是否有足够的加工余量。
3. 能描述切削液的种类和使用场合,正确选择本次任务要用的切削液。
4. 能正确装夹工件,并对其进行找正。
5. 能严格按照数控车床操作规程,进行灯泡模型零件的加工。
6. 能根据切削状态调整切削用量,保证正常切削,并适时检测,保证灯泡模型零件加工精度。
7. 能在教师的指导下解决加工中出现的问题。
8. 能按产品工艺流程和车间要求,进行产品交接并规范填写交接班记录表。

 建议学时

22 学时。

学习过程

一、加工准备

1. 刀具及工具、量具、辅具准备

(1)加工时你用到了哪些刀具? 请列在表6-2-1 中。

刀　具　清　单　　　　　　　　　　　　　　　表6-2-1

序号	刀具名称	刀具编号	刀具材料	型号或规格
1				
2				
3				
4				
5				
6				
7				
8				

(2)你用到哪些工具、量具、辅具,请填写在表6-2-2 中。

工具、量具、辅具清单　　　　　　　　　　　　　表6-2-2

类别	序号	名　　称	型号或规格	数　　量	备　　注
量具	1				
	2				
	3				
	4				

类别	序号	名 称	型号或规格	数 量	备 注
工具	1				
	2				
	3				
	4				
辅具	1				
	2				
	3				
	4				

根据以上清单领取工具、刀具、量具以及辅具并规范摆放。

2. 领取毛坯料

领取毛坯料,并测量毛坯外形尺寸,判断毛坯是否有足够的加工余量。记录所领毛坯料的实际尺寸。

3. 选择切削液

本次加工应选用哪种切削液？为什么？

二、加工零件

1. 机床准备(表6-2-3)

机 床 准 备   表6-2-3

项目	机械部分			电器部分		数控系统部分			辅助部分	
设备检查	主轴部分	进给部分	润滑部分	主电源	冷却风扇	电器元件	控制部分	驱动部分	冷却	润滑
检查情况										

注:经检查后该部分完好,在相应项目下打"√";若出现问题及时报修。

(1)启动机床。

(2)机床各轴回机床参考点。

(3)输入数控加工程序并检验。

2. 安装工件

正确装夹工件,并对其进行找正。

3. 装夹刀具

正确装夹刀具,确保刀具牢固可靠,并通过 MDI 操作设定主轴转速。

4. 对刀

按刀具加工次序完成对刀。

5. 录入程序并校验

(1)你所录程序的程序名是：_____。

(2)把通过校验的程序录入到数控机床中。

(3)对照程序单检查程序,并注意程序功能是否齐全。

6. 自动加工

(1)加工中注意观察加工情况,记录加工中出现的错误,并分析原因,提出改进措施,见表 6-2-4。

灯泡模型零件加工中出现的问题及改进措施 表 6-2-4

问　题	产 生 原 因	改 进 措 施

(2)实际生产中,在加工了很多零件后,为了继续保证零件的加工精度,在粗加工后应检测零件各部分的尺寸,记录并确定补偿值,见表 6-2-5。

检 测 数 据 表 表 6-2-5

序　号	直径测量数据	补偿数据(X 轴磨耗)	长度测量数据	补偿数据(Z 轴磨耗)

三、学习任务二小结（表6-2-6）

学习活动执行情况总结评价表   表6-2-6

活动名称				组别			记录人	
本活动涉及知识及技能要点总结	活动需解决的关键问题							
	活动需解决的难点问题							
	活动需掌握的知识要点							
	活动需掌握的技能要点							
个人学习情况评价	本人承担的任务							
	完成情况	完成比例（百分比%）		完成时间（按时、延时）			完成效果（优、良、一般）	
	本次活动完成个人主要贡献							
本组成员贡献评价	本组完成学习活动情况评价情况记录（在相应选项下画√并获得相应系数分）	优秀(3)		良好(2.5)		一般(1.5)		较差(0)
	活动明星	最佳组织奖		最佳表达奖			最佳贡献奖	

学习活动三 灯泡模型零件的检验和质量分析

学习目标

1. 能选择合适的量具，完成灯泡模型零件各要素的直接和间接测量。
2. 能根据零件的检测结果，分析误差产生的原因。
3. 能正确规范地使用工、量具，并对其进行合理保养和维护，注意工、量具的摆放。
4. 能根据检测结果，正确填写检验报告单。
5. 能按检验室管理要求，正确放置和检验工、量具。

建议学时

4学时。

学习过程

一、灯泡模型零件质量检验单（供参考，学生可通过讨论自行确定）

灯泡模型零件质量检验单见表6-3-1。

考核项目	序号	技 术 要 求	检 验 结 果	是 否 合 格
外圆	1	$\phi22$mm		
	2	$\phi10$mm		
	3	$\phi6$mm		
长度	4	85mm		
	5	56mm		
	6	15mm		
	7	5mm		
	8	1mm		
圆弧	9	$R3$mm		
	10	$R14$mm		
	11	$R24$mm		
倒角	12	$C1$		
螺纹	13	$M24$		
球面	14	54mm		
表面粗糙度	15	$R_a1.6\mu m$		

二、做出评定

根据质量检验报告单对产品质量做出评定(在符合的选项上打"√")。

合格□　次品□　废品□

三、不合格尺寸分析

填写表 6-3-2,说说你的产品哪些尺寸不合格? 是什么原因造成的? 如何来解决?

不合格尺寸分析　　　　　　　　　　表 6-3-2

不合格尺寸		产生的原因	造成的后果	解决的办法
标注尺寸	测量尺寸			

学习活动四　展示评价及工作总结

学习目标

1. 能进行分组展示工作成果,说明本次的任务的完成情况,并作分析总结。

2. 能结合自身完成情况,认真填写工作总结。

3. 能根据老师的评价,反思自身的不足,并在以后的工作中不断改正。

建议学时

2 学时。

学习过程

一、成果展示（表6-4-1）

成 果 展 示   表6-4-1

与其他组相比,本小组的工件工艺你认为如何?	工艺一般□　工艺合理□　工艺优化□
本小组人演示工件检测方法操作正确吗?	不正确□　部分正确□　正确□
本小组演示遵循了"6S"的工作要求吗?	完全没有遵循□　忽略了部分要求□　符合工作要求□
本小组的成员团队创新精神如何?	良好□　一般□　不足□
展示的工件符合技术标准吗?	合格□　不良□　返修□　报废□

二、任务总结评价（表6-4-2）

学习任务完成情况总结评价表   表6-4-2

任务名称				组别		记录人	
任务完成 要点总结	完成任务需解决的 关键问题						
	本任务学习掌握的 知识要点						
	本任务学习掌握的 技能要点						
	完成任务运用的 学习方法						

	序号	评价项目	配分	评 价 细 则	得分	总分
任务完成 情况技术 评价得分	1	准备工作	10			
	2					
	3	工艺要求	60			
	4					
	5					
	6					
	7					
	8					
	9					
	10					
	11					
	12					
	13	清理场地	10			
	14					
	15	安全文明生产	20			
	16					

个人分项 得分	个人学习活动自主评价 均分(20%)	任务完成情况技术得分 (50%)	小组任务完成情况教师 评价得分(20%)	组长评价得分(10%)

总评得分	
个人完成 任务心得	

学习任务七　槽类零件的加工

学习活动一　领取工作任务,工艺分析与编程

 学习目标

1. 能独立阅读槽类零件生产任务单,明确工作任务,制订合理的工作流程。
2. 能识读零件图纸,并正确绘制槽类零件图。
3. 能掌握零件内、外径槽及端面槽的加工方法。
4. 能分析零件图纸,填写零件的加工工序卡和工艺卡。
5. 能根据加工工艺、槽的形状和材料等选取合适的刀具,并确定适当的切削用量。
6. 能根据要求,选择合理的零件装夹方法。
7. 能制订加工槽类零件的合理工艺路线。
8. 能利用 G04、G74 指令分别编写切槽程序,并能简述它们之间的不同。
9. 能独立编写槽类零件的数控程序。

 建议学时

6 学时。

学习过程

一、阅读生产任务单

槽类零件生产任务单见表 7-1-1。

槽类零件生产任务单　　　　　　　　　　　　　　　　　　表 7-1-1

单位名称				完成时间	年　月　日	
序号	产品名称	材料	生产数量	技术要求、质量要求		
1	综合槽类工件	45 钢	100 件	按图样要求		
2						
3						
生产批准时间		年　月　日	批准人			
通知任务时间		年　月　日	发单人			
接单时间		年　月　日	接单人		生产班组	

根据任务单回答下面的问题:

(1)加工槽类零件的定位基准是(　　　　)。

　　A. 端面　　　　B. 外圆　　　　C. 内孔　　　　D. 外圆或内孔

(2)列举生活中见到的槽类零件应用实例,说明槽类零件的主要用途和应用场合。

二、图形样板

加工如图 7-1-1 所示零件,毛坯尺寸为 $\phi65mm \times 40mm$,材料为 45 钢。

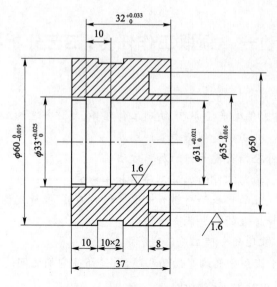

图 7-1-1　槽类零件(尺寸单位:mm)

1. 识读零件图,解读槽类零件的信息

(1)槽类零件的总长:_____。

(2)槽类零件的技术要求:_____

_____。

(3)槽类零件的材料:_____。

(4)重要尺寸及其偏差:_____。

2. 通过查阅资料整理以下信息

(1)槽类零件最低表面质量要求和最高表面质量要求分别是多少?

(2)计算 $\phi 30_{0}^{+0.021}$ mm 最大极限尺寸和最小极限尺寸及公差。

(3)零件的最大外轮廓尺寸是_____。

(4)零件的端面槽宽度是_____。

3. 绘制图样

请你根据绘图要求,用手绘方式绘制槽类零件图,看谁绘得又好又快。

三、确定槽类零件的加工工艺并填写加工工艺卡

根据普通车床加工经验,小组讨论确定槽类零件数控车加工工艺并填写加工工艺卡,见表 7-1-2。

槽类零件数控车加工工艺卡 表 7-1-2

（工厂名）	机械加工工艺过程卡片	产品名称及型号			零件名称			零件图号			
		材料	名称		毛坯	种类		零件质量（kg）	毛		第 页
			牌号			尺寸			净		共 页
			性能		每批坯料的件数			每台件数		每批件数	
工序号	工序内容	车间	设备	工具			计划工时		实际工时		
				夹具	量具	刃具					
1											
2											
3											
4											
5											
6											
7											
更改内容											
编制		抄写		校对		审核		批准			

经小组讨论可以选择其他的加工工艺方案。

四、数控加工工艺分析

（1）根据槽类零件加工内容,完成槽类零件加工的车削刀具卡（表 7-1-3）。

槽类零件加工的车削刀具卡 表 7-1-3

刀具名称	刀具规格	材料	数量	刀具用途	备注

（2）根据以上分析，制订槽类零件的数控加工工序卡（表7-1-4）。

槽类零件数控加工工序卡　　　　表7-1-4

单位名称	机械加工工序卡片	产品名称或代号	零件名称	零件图号	工序名称	工序号	第　页
							共　页

画工序简图	车间	工段	材料名称	材料牌号	力学性能
	同时加工件数	每批坯料的件数	技术等级	单件时间（min）	准备时间/终结时间（min）
	设备名称	设备编号	夹具名称	夹具编号	切削液
	更改内容				

工步号	工步内容	刀具号	刀具规格（mm）	主轴转速（r/min）	进给速度（mm/min）	背吃刀量（mm）	备注
编制		审核		批准		共　页	第　页

五、编制程序

（1）粗车端面槽的转速范围是_____。

（2）精车端面槽的转速范围是_____。

（3）根据零件图样，写出槽类零件的加工程序（可附纸）（表7-1-5）。

程 序 段 号	程 序	注 解

六、学习活动小结（表 7-1-6）

学习活动执行情况总结评价表   表 7-1-6

活动名称				组别			记录人		
本活动涉及知识及技能要点总结	活动需解决的关键问题								
	活动需解决的难点问题								
	活动需掌握的知识要点								
	活动需掌握的技能要点								
个人学习情况评价	本人承担的任务								
	完成情况	完成比例（百分比%）			完成时间（按时、延时）			完成效果（优、良、一般）	
	本次活动完成个人主要贡献								
本组成员贡献评价	本组完成学习活动情况评价情况记录（在相应选项下画√并获得相应系数分）	优秀(3)		良好(2.5)		一般(1.5)		较差(0)	
	活动明星	最佳组织奖			最佳表达奖			最佳贡献奖	

学习活动二   槽类零件模拟加工

🛠 学习目标

1. 能遵守机房各项管理规定，按要求使用计算机。

2. 能熟练应用仿真软件的界面及验证程序的过程。

3. 能快速选择毛坯、设置刀具。

4. 能熟悉零件的仿真精加工步骤。

5. 能够运用指令编写加工程序,掌握对刀仿真操作与零件仿真加工过程。

6. 能在程序中对错误程序进行修改。

 建议学时

6 学时。

 学习过程

一、模拟加工设置

(1)当安装多把刀时,需要转动刀架。试查阅资料,写出转动刀架的方法。

(2)如何设置刀具的参数?

(3)如何设置毛坯大小和位置?

(4)在对刀过程中,主轴转速一般选择为 500r/min。怎样在对刀前开启主轴,以达到设定的转速要求?

二、模拟加工

(1)简述端面槽刀如何对刀。

(2)运用已编制好的加工程序,观察仿真软件生成的刀具路径是否符合槽类零件加工要求。如果不符合要求,记录下来,以便更正。

问题①:

问题②:

问题③:

(3)根据槽类零件模拟加工问题的记录,分析出现问题的原因,并在小组讨论中提出预防措施或改进方法,填入表7-2-1中,以提高加工质量和效率。

槽类零件模拟加工问题 表7-2-1

问　　题	原　　因	预防措施或改进方法

(4)加工完后测量槽的尺寸,如果发现尺寸不符合要求,如何解决?

三、学习活动二小结(表7-2-2)

学习活动执行情况总结评价表 表7-2-2

活动名称				组别		记录人	
本活动涉及知识及技能要点总结	活动需解决的关键问题						
	活动需解决的难点问题						
	活动需掌握的知识要点						
	活动需掌握的技能要点						
个人学习情况评价	本人承担的任务						
	完成情况	完成比例（百分比%）		完成时间（按时、延时）		完成效果（优、良、一般）	
	本次活动完成个人主要贡献						
本组成员贡献评价	本组完成学习活动情况评价情况记录(在相应选项下画√并获得相应系数分)	优秀(3)		良好(2.5)	一般(1.5)		较差(0)
	活动明星	最佳组织奖		最佳表达奖		最佳贡献奖	

学习活动三　槽类零件的加工任务实施

 学习目标

1. 能根据现场条件,查阅相关资料,确定符合加工技术要求的工具、量具、夹具和辅件。
2. 能按图纸要求,测量毛坯外形尺寸,判断毛坯是否有足够的加工余量。
3. 能校验和检查所用量具的误差。
4. 能正确装夹工件,并对其进行找正。
5. 能正确规范地装夹数控刀具,并能正确进行刀具的换刀及对刀工作。
6. 能按照数控车床操作规程,进行槽类零件加工。
7. 能根据切削状态调整切削用量,保证正常切削,并适时检测,保证槽类零件加工精度。
8. 能在教师的指导下解决加工中出现的问题。
9. 能按产品工艺流程和车间要求,进行产品交接并规范填写交接班记录。
10. 能按照车间管理规定,正确规范地保养数控机床。

 建议学时

22 学时。

 学习过程

一、加工准备

1. 刀具及工具、量具、辅具准备

(1)加工时你用到了哪些刀具?请列在表 7-3-1 中。

刀　具　清　单　　　　　　　　　　　　表 7-3-1

序号	刀具名称	刀具编号	刀具材料	型号或规格
1				
2				
3				
4				
5				
6				
7				
8				

(2)你用到哪些工具、量具、辅具,请填写在表 7-3-2 中。

工具、量具、辅具清单　　　　　　　　　　　　表 7-3-2

类别	序号	名　称	型号或规格	数　量	备　注
量具	1				
	2				
	3				
	4				

类别	序号	名　称	型号或规格	数　　量	备　注
工具	1				
	2				
	3				
	4				
辅具	1				
	2				
	3				
	4				

注:根据以上清单领取工具、刀具、量具以及辅具并规范摆放。

2. 领取毛坯料

领取毛坯料,并测量毛坯外形尺寸,判断毛坯是否有足够的加工余量。记录所领毛坯料的实际尺寸。

3. 选择切削液

本次加工应选用哪种切削液? 为什么?

二、加工零件

1. 机床准备(表7-3-3)

(1)启动机床。

(2)机床各轴回机床参考点。

(3)输入数控加工程序并检验。

机　床　准　备　　　　　　　　表7-3-3

项目	数控系统部分			电器部分		机械部分				辅助部分	
设备检查	电器元件	控制部分	驱动部分	主电源	冷却风扇	主轴部分	进给部分	刀库部分	润滑部分	润滑	冷却
检查情况											

注:经检查后该部分完好,在相应项目下做"√"标记;若出现问题及时报修。

2. 安装工件

正确装夹工件,并对其进行找正。

3. 装夹刀具

(1)正确装夹合适的刀具,确保刀具牢固可靠,并通过 MDI 操作设定主轴转速。

(2)切槽刀对刀法与外圆车刀是否相同?如果不同,简述切槽刀应如何对刀。

4. 对刀

把外圆车刀、切断刀、端面槽刀、内孔刀、内孔切槽刀对刀参数记录在表 7-3-4 中。

对 刀 参 数 表 7-3-4

刀具参数 刀具名称	X	Z	R	T
外圆车刀（T0101）				
切断刀（T0202）				
端面槽刀（T0303）				
内孔刀（T0404）				
内孔切槽刀（T0101）				

5. 录入程序并校验

（1）你所录程序的程序名是：＿＿＿＿＿＿＿＿＿＿＿＿＿＿＿＿＿＿＿＿＿。

（2）把通过校验的程序录入到数控机床中。

（3）对照程序单检查程序，并注意程序功能是否齐全。

6. 自动加工

（1）为了保证零件的加工精度，在粗加工后应检测零件各部分的尺寸，记录并确定补偿值，见表 7-3-5。

检 测 数 据 表 表 7-3-5

序 号	直径测量数据	补偿数据（X 轴磨耗）	长度测量数据	补偿数据（Z 轴磨耗）

（2）加工中注意观察刀具切削情况，记录加工中不合理的因素，以便纠正，提高工作效率（如切削用量、加工路径是否合理，刀具是否有干涉等）。将槽类零件加工中遇到的问题填入表 7-3-6 中。

槽类零件加工中遇到的问题 表 7-3-6

问 题	产 生 原 因	预防措施或改进方法

三、学习活动三小结（表 7-3-7）

学习活动执行情况总结评价表   表 7-3-7

活动名称				组别		记录人	
本活动涉及知识及技能要点总结	活动需解决的关键问题						
	活动需解决的难点问题						
	活动需掌握的知识要点						
	活动需掌握的技能要点						
个人学习情况评价	本人承担的任务						
	完成情况	完成比例（百分比%）		完成时间（按时、延时）		完成效果（优、良、一般）	
	本次活动完成个人主要贡献						
本组成员贡献评价	本组完成学习活动情况评价情况记录（在相应选项下画√并获得相应系数分）	优秀(3)		良好(2.5)		一般(1.5)	较差(0)
	活动明星	最佳组织奖		最佳表达奖		最佳贡献奖	

学习活动四　槽类零件的检验和质量分析

学习目标

1. 能选择合适的量具，完成槽类零件各要素的直接和间接测量。

2. 能根据零件的检测结果，分析误差产生的原因。

3. 能正确规范地使用工、量具，并对其进行合理保养和维护，注意工、量具的摆放。

4. 能根据检测结果，正确填写检验报告单。

5. 能按检验室管理要求，正确放置和检验工、量具。

建议学时

4 学时。

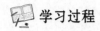 学习过程

一、槽类零件质量检验单（供参考，学生可通过讨论自行确定）

槽类零件质量检验单见表7-4-1。

槽类零件质量检验单　　　　　　　　　　　　　　　　表 7-4-1

考核项目	序号	技术要求	检验结果	是否合格
外圆	1	$\phi 60_{-0.019}^{+0}$ mm		
	2	$\phi 35_{-0.016}^{+0}$ mm		
内孔	3	$\phi 50$ mm		
	4	$\phi 33_{-0}^{+0.025}$ mm		
内螺纹	5	M30×2 − 5g/6g		
槽	6	10mm×2mm		
长度	7	37mm		
	8	10mm		
	9	8mm		
	10	$32_{-0}^{+0.033}$ mm		
表面粗糙度	11	$R_a 1.6\mu m$		
	12	$R_a 3.2\mu m$		

二、做出评定

根据质量检验报告单对产品质量做出评定（在符合的选项上打"√"）。

合格□　次品□　废品□

三、不合格尺寸分析

填写表7-4-2，说说你的产品哪些尺寸不合格？是什么原因造成的？如何来解决？

不合格尺寸分析　　　　　　　　　　　　　　　　表 7-4-2

不合格尺寸		产生的原因	造成的后果	解决的办法
标注尺寸	测量尺寸			

学习活动五　展示评价及工作总结

 学习目标

1. 能进行分组展示工作成果，说明本次的任务的完成情况，并作分析总结。
2. 能结合自身完成情况，认真填写工作总结。
3. 能根据老师的评价，反思自身的不足，并在以后的工作中不断改正。

 建议学时

2 学时。

学习过程

一、成果展示（表7-5-1）

成 果 展 示 表7-5-1

与其他组相比,本小组的工件工艺你认为如何?	工艺一般□ 工艺合理□ 工艺优化□
本小组人演示工件检测方法操作正确吗?	不正确□ 部分正确□ 正确□
本小组演示遵循了"6S"的工作要求吗?	完全没有遵循□ 忽略了部分要求□ 符合工作要求□
本小组的成员团队创新精神如何?	良好□ 一般□ 不足□
展示的工件符合技术标准吗?	合格□ 不良□ 返修□ 报废□

二、任务总结评价（表7-5-2）

学习任务完成情况总结评价表 表7-5-2

任务名称				组别		记录人		
任务完成要点总结	完成任务需解决的关键问题							
	本任务学习掌握的知识要点							
	本任务学习掌握的技能要点							
	完成任务运用的学习方法							
	序号	评价项目	配分	评价细则			得分	总分
任务完成情况技术评价得分	1	准备工作	10					
	2							
	3	工艺要求	60					
	4							
	5							
	6							
	7							
	8							
	9							
	10							
	11							
	12							
	13	清理场地	10					
	14							
	15	安全文明生产	20					
	16							
个人分项得分	个人学习活动自主评价均分(20%)		任务完成情况技术得分(50%)		小组任务完成情况教师评价得分(20%)		组长评价得分(10%)	
总评得分								
个人完成任务心得								

学习任务八　轴套零件的加工

学习目标

1. 能按照数控加工实训车间安全防护规定,严格执行安全操作规程。

2. 能根据轴套零件图对完成轴套零件加工所需的信息进行收集和整理,并制订计划。

3. 能根据轴套零件图样,确定轴套零件数控加工工艺,填写轴套零件的加工工艺卡。

4. 能对轴套零件进行编程前的数学处理。

5. 能正确编写轴套零件的数控车加工程序。

6. 能应用数控车床的模拟检验功能,检查程序编写中的错误,并对程序进行优化。

7. 能根据现场条件,查阅相关资料,确定符合加工技术要求的工具、量具、夹具和辅件。

8. 能独立完成轴套零件的数控车加工任务。

9. 能在教师的指导下解决加工出现的常见问题。

10. 能对轴套零件进行正确测量,评估与判断零件质量是否合格,并提出改进措施。

11. 能按照车间 6S 管理的要求,整理现场,保养数控车床并填写保养记录。

12. 能主动获取有效信息,展示学习成果,对学习进行反思总结,并能与他人开展合作,进行有效沟通。

建议学时

44 学时。

任务描述

某工厂有一批轴套零件(图 8-0-1)要加工,由于工期短,任务重,特委托我院机电工程系机械加工中心代加工,件数为 100,工期为 5 天(从签订外协加工合同之日算起),包工包料。

图 8-0-1　轴套零件

任务流程

学习活动一:领取工作任务,工艺分析与编程。

学习活动二:轴套零件模拟加工。

学习活动三:轴套零件的加工任务实施。

学习活动四:轴套的检验和质量分析。

学习活动五:展示评价及工作总结。

学习活动一　领取工作任务,工艺分析与编程

 学习目标

1. 能独立阅读轴套零件生产任务单,明确工作任务,制订合理的工作流程。

2. 能识读轴套零件图纸,并正确绘制轴套的零件图。

3. 能分析轴套零件图纸,制订加工轴套零件的合理工艺路线,填写零件的加工工序卡和工艺卡。

4. 能根据加工工艺、轴套的形状和材料等选取合适的刀具,并确定正确的切削用量。

5. 能按照工艺要求,选择合适的装夹方法。

6. 能独立编写加工轴套的数控程序。

 建议学时

8 学时。

 学习过程

一、阅读生产任务单

轴套零件生产任务单见表 8-1-1。

轴套零件生产任务单　　　　　　　　　　　　表 8-1-1

单位名称				完成时间		年　月　日
序号	产品名称	材料	生产数量	技术要求、质量要求		
1	轴套	45 钢	100 件	按图样要求		
2						
3						
生产批准时间		年　月　日	批准人			
通知任务时间		年　月　日	发单人			
接单时间		年　月　日	接单人			生产班组

根据任务单回答下面的问题:

(1)用钻头在实体材料上加工孔的方法称为_____ 。根据形状和用途不同,钻头可分为_____、_____ 、_____ 和_____ 等。

(2)轴套的主要用途是什么?

(3)常用哪些材料制作轴套?

二、图形样板

加工如图 8-1-1 所示零件,毛坯尺寸为 $\phi 50mm \times 75mm$,材料为 45 钢。

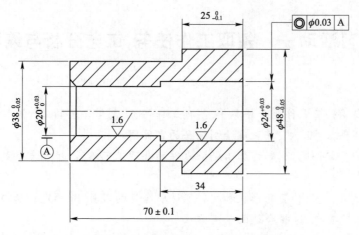

图 8-1-1　轴套图样(尺寸单位:mm)

1. 识读零件图,解读轴套的信息

(1)该轴套零件的总长为_____ mm。

(2)该轴套零件的技术要求有_____和_____。

(3)该轴套零件图的比例为____,材料是____,数量为____个。

(4)该轴套零件的外圆尺寸有_____、_____。

(5)该轴套零件的内孔尺寸有_____、_____。

(6)该轴套零件的外圆台阶长度为_____,内孔台阶长度为____。

(7)零件图中标注的表面粗糙度为_____。

(8)零件图中标注的形位公差为_____、_____。

2. 通过查阅资料整理以下信息

(1)零件图样中的基准 A 指的是_____。

(2)⌾ φ0.03 A 是什么含义?_____。

(3) 零件图中标注的表面粗糙度是_____。

3. 绘制零件图

请你根据绘图要求,用手绘方式绘制轴套零件图,看谁绘得又好又快。

三、确定轴套的加工工艺并填写加工工艺卡

借鉴普通车床加工经验,小组讨论确定轴套数控加工工艺并填写加工工艺卡,见表8-1-2。

轴套数控加工工艺卡 表8-1-2

单位 名称		产品名称		图号		数量		
		零件名称		材料		毛坯尺寸		
工序号	工 序 内 容			车间	设备	工具		计划工时	实际工时
						夹具	量具		
1									
2									
3									
4									
5									
6									
7									
编制		审核		批准		共 页		第 页	

四、数控加工工艺分析

(1)根据轴套零件加工内容,填写轴套加工的车削刀具卡(表8-1-3)。

轴套加工的车削刀具卡 表8-1-3

刀具名称	刀具规格	材料	数量	刀具用途	备注

(2)根据以上分析,制订轴套零件的数控加工工序卡(表8-1-4)。

轴套零件数控加工工序卡 表8-1-4

单位名称		产品名称或代号		零件名称		零件图号	
工序号	程序编号	夹具名称		使用设备		车间	
工步号	工步内容	刀具号	刀具规格 (mm)	主轴转速 (r/min)	进给速度 (mm/min)	背吃刀量 (mm)	备注
编制		审核		批准		第　页	共　页

五、编制程序

(1)绘制零件简图并标出编程坐标系和编程原点。

(2)轴套零件加工中,用于加工外轮廓的指令有＿＿＿＿、＿＿＿＿＿、＿＿＿＿＿,用于加工内轮廓的指令有＿＿＿＿＿＿、＿＿＿＿ 、＿＿＿＿＿,用于加工内沟槽的指令是＿＿＿＿＿＿。

(3)根据零件图样,写出轴套的加工程序(可附纸)(表8-1-5)。

轴套的加工程序 表8-1-5

程序段号	程　序	注　解

六、学习活动一小结（表8-1-6）

学习活动执行情况总结评价表　　　　　　　　　　　表8-1-6

活动名称		组别		记录人		
本活动涉及知识及技能要点总结	活动需解决的关键问题					
	活动需解决的难点问题					
	活动需掌握的知识要点					
	活动需掌握的技能要点					
个人学习情况评价	本人承担的任务					
	完成情况	完成比例（百分比%）		完成时间（按时、延时）		完成效果（优、良、一般）
	本次活动完成个人主要贡献					
本组成员贡献评价	本组完成学习活动情况评价情况记录（在相应选项下画√并获得相应系数分系数）	优秀(3)		良好(2.5)	一般(1.5)	较差(0)
	活动明星	最佳组织奖		最佳表达奖		最佳贡献奖

学习活动二　轴套零件模拟加工

学习目标

1. 能遵守机房管理规定，按要求使用计算机。

2. 能熟练应用仿真软件的界面及验证程序的过程。

3. 能快速选择毛坯、设置刀具。

4. 能够输入加工程序，掌握对刀仿真操作与零件仿真加工过程。

5. 能在程序中对错误程序进行修改。

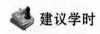
建议学时

8 学时。

学习过程

一、模拟加工设置

（1）简述设置数控机床类型的步骤。

（2）简述设置夹具和装夹位置的步骤。

（3）选择毛坯大小的步骤。

（4）简述设置刀具参数的步骤。

二、模拟加工

（1）输入加工程序并运行，注意仿真软件生成的刀具路径是否符合轴套零件加工要求。如果有错误，记录下来（表8-2-1），以便更正。

刀具路径出错表   表8-2-1

错误1	
错误2	
错误3	

（2）由刀具路径出错表，找出程序中错误的程序段，并在小组讨论中提出解决办法，见表8-2-2。

出错原因及解决办法   表8-2-2

出错的程序段	原　因	解 决 办 法

(3)在加工的过程中怎么保证轴套零件的几何精度?

(4)内孔车刀与外圆车刀对刀时有什么区别?

三、学习活动二小结(表8-2-3)

学习活动执行情况总结评价表   表8-2-3

活动名称					组别		记录人		
本活动涉及知识及技能要点总结	活动需解决的关键问题								
	活动需解决的难点问题								
	活动需掌握的知识要点								
	活动需掌握的技能要点								
个人学习情况评价	本人承担的任务								
	完成情况	完成比例(百分比%)			完成时间(按时、延时)			完成效果(优、良、一般)	
	本次活动完成个人主要贡献								
本组成员贡献评价	本组完成学习活动情况评价情况记录(在相应选项下画√并获得相应系数分)	优秀(3)		良好(2.5)		一般(1.5)		较差(0)	
	活动明星	最佳组织奖		最佳表达奖			最佳贡献奖		

学习活动三 轴套零件的加工任务实施

学习目标

1. 能根据现场条件,查阅相关资料,确定符合加工技术要求的工具、量具、夹具和辅件。
2. 能按图纸要求,测量毛坯外形尺寸,判断毛坯是否有足够的加工余量。
3. 能正确装夹工件,并对其进行找正。
4. 能正确装夹内孔车刀,并能正确进行对刀。

5.能严格按照数控车床操作规程,进行轴套零件的加工并在教师的指导下解决加工中出现的问题。

6.能根据切削状态调整切削用量,保证正常切削,并适时检测,保证轴套加工精度。

7.能正确对轴套零件进行检测。

8.能按产品工艺流程和车间要求,保养机床并进行产品交接,规范填写交接班记录表。

 建议学时

22学时。

 学习过程

一、准备工作

1.刀具及工具、量具、辅具准备

(1)加工时你用到了哪些刀具?请列在表8-3-1中。

刀 具 清 单   表8-3-1

序号	刀具名称	刀具编号	刀具材料	型号或规格
1				
2				
3				
4				
5				
6				
7				
8				

(2)你用到哪些工具、量具、辅具,请填写在表8-3-2中。

工具、量具、辅具清单   表8-3-2

类别	序号	名　称	型号或规格	数　量	备　注
量具	1				
	2				
	3				
	4				
工具	1				
	2				
	3				
	4				
辅具	1				
	2				
	3				
	4				

根据以上清单领取工具、刀具、量具以及辅具并规范摆放。

2. 领取毛坯料

领取毛坯料,并测量毛坯外形尺寸,判断毛坯是否有足够的加工余量。记录所领毛坯料的实际尺寸。

3. 选择切削液

本次加工应选用哪种切削液? 为什么?

二、加工零件

1. 机床准备(表8-3-3)

机 床 准 备

表8-3-3

项目	机械部分			电器部分		数控系统部分				辅助部分
设备检查	主轴部分	进给部分	润滑部分	主电源	冷却风扇	电器元件	控制部分	驱动部分	冷却	润滑
检查情况										

注:经检查后该部分完好,在相应项目下打"√";若出现问题及时报修。

(1)启动机床。

(2)机床各轴回机床参考点。

(3)输入数控加工程序并检验。

2. 安装工件

正确装夹工件,并对其进行找正。

3. 装夹刀具

正确装夹刀具,确保刀具牢固可靠,并通过 MDI 操作设定主轴转速。

4. 对刀

把外圆车刀、内孔车刀对刀参数记录在表8-3-4中。

对 刀 参 数

表8-3-4

刀具参数 刀具名称	X	Z	R	T
外圆车刀(T0101)				
内孔车刀(T0202)				

5. 录入程序并校验

(1)你所录程序的程序名是:_____。

(2)把通过校验的程序录入到数控机床中。

(3)对照程序单检查程序,并注意程序功能是否齐全。

6. 自动加工

(1)加工中注意观察加工情况,记录加工中出现的错误,并分析原因,提出改进措施。将轴套加工中出现的问题及改进措施填入表8-3-5 中。

轴套加工中出现的问题及改进措施　　　　　表 8-3-5

问　　题	产 生 原 因	改 进 措 施

（2）实际生产中,在加工了很多零件后,为了继续保证零件的加工精度,在粗加工后应检测零件各部分的尺寸,记录并确定补偿值,见表 8-3-6。

检 测 数 据 表　　　　　表 8-3-6

序　　号	直径测量数据	补偿数据（X 轴磨耗）	长度测量数据	补偿数据（Z 轴磨耗）

三、学习活动三小结（表 8-3-7）

学习活动执行情况总结评价表　　　　　表 8-3-7

活动名称			组别		记录人	
本活动涉及知识及技能要点总结	活动需解决的关键问题					
	活动需解决的难点问题					
	活动需掌握的知识要点					
	活动需掌握的技能要点					
个人学习情况评价	本人承担的任务					
	完成情况	完成比例（百分比%）		完成时间（按时、延时）		完成效果（优、良、一般）
	本次活动完成个人主要贡献					
本组成员贡献评价	本组完成学习活动情况评价情况记录（在相应选项下画√并获得相应系数分）	优秀(3)		良好(2.5)	一般(1.5)	较差(0)
	活动明星	最佳组织奖		最佳表达奖		最佳贡献奖

学习活动四　轴套的检验和质量分析

 学习目标

1. 能选择合适的量具,完成轴套零件各要素的直接和间接测量。
2. 能根据零件的检测结果,分析误差产生的原因。
3. 能正确规范地使用工、量具,并对其进行合理保养和维护,注意工、量具的摆放。
4. 能根据检测结果,正确填写检验报告单。
5. 能按要求正确放置和检验工、量具。

 建议学时

4 学时。

学习过程

一、轴套质量检验单(供参考,学生可通过讨论自行确定)

轴套质量检验单见表 8-4-1。

轴套质量检验单　　　　　　　　　　　　　　　表 8-4-1

考核项目	序号	技术要求	检验结果	是否合格
外圆	1	$\phi 38_{-0.05}^{0}$ mm		
	2	$\phi 48_{-0.05}^{0}$ mm		
长度	3	70mm ± 0.1mm		
	4	34mm		
	5	$25_{-0.1}^{0}$ mm		
倒角	6	C1mm		
内孔	7	$\phi 24_{0}^{+0.03}$ mm		
	8	$\phi 20_{0}^{+0.03}$ mm		
表面粗糙度	9	$R_a 3.2 \mu m$		
	10	$R_a 1.6 \mu m$		

二、做出评定

根据质量检验报告单对产品质量做出评定(在符合的选项上打"√")。

合格□　次品□　废品□

三、不合格尺寸分析

填写表 8-4-2,说说你的产品哪些尺寸不合格? 是什么原因造成的? 如何来解决?

不合格尺寸分析   表 8-4-2

不合格尺寸		产生的原因	造成的后果	解决的办法
标注尺寸	测量尺寸			

学习活动五　展示评价及工作总结

学习目标

1. 能进行分组展示工作成果,说明本次的任务的完成情况,并作分析总结。

2. 能结合自身完成情况,认真填写工作总结。

3. 能根据老师的评价,反思自身的不足,并在以后的工作中不断改正。

建议学时

2 学时。

学习过程

一、成果展示(表 8-5-1)

成　果　展　示   表 8-5-1

与其他组相比,本小组的工件工艺你认为如何?	工艺一般□　工艺合理□　工艺优化□
本小组人演示工件检测方法操作正确吗?	不正确□　部分正确□　正确□
本小组演示遵循了"6S"的工作要求吗?	完全没有遵循□　忽略了部分要求□　符合工作要求□
本小组的成员团队创新精神如何?	良好□　一般□　不足□
展示的工件符合技术标准吗?	合格□　不良□　返修□　报废□

二、任务总结评价表（表8-5-2）

学习任务完成情况总结评价表　　　　　　　　　　　表8-5-2

任务名称				组别			记录人	
任务完成要点总结	完成任务需解决的关键问题							
	本任务学习掌握的知识要点							
	本任务学习掌握的技能要点							
	完成任务运用的学习方法							

	序号	评价项目	配分	评价细则	得分	总分
任务完成情况技术评价得分	1	准备工作	10			
	2					
	3	工艺要求	60			
	4					
	5					
	6					
	7					
	8					
	9					
	10					
	11					
	12					
	13	清理场地	10			
	14					
	15	安全文明生产	20			
	16					

个人分项得分	个人学习活动自主评价均分（20%）	任务完成情况技术得分（50%）	小组任务完成情况教师评价得分（20%）	组长评价得分（10%）

总评得分	
个人完成任务心得	

学习任务九　手　柄　加　工

学习目标

1. 能按照数控加工车间安全防护规定,严格执行安全操作规程。
2. 能根据零件图对完成手柄加工所需信息进行收集和整理,并制订计划。
3. 能掌握手柄加工方法。
4. 能根据手柄图样,确定该零件的数控车加工工艺,填写手柄的加工工艺卡。
5. 能对手柄进行编程前的数学处理。
6. 能正确编写手柄的数控车加工程序,会编写宏程序。
7. 能应用数控车床的模拟检验功能,检查程序编写中的错误,并对程序进行优化。
8. 能根据现场条件,查阅相关资料,确定符合加工技术要求的工具、量具、夹具和辅件。
9. 能正确装夹外圆车刀、切槽刀,并在数控车床上实现正确对刀。
10. 能利用 G71、G73 车削零件。
11. 能独立完成手柄的数控车加工任务。
12. 能在教师的指导下解决加工出现的常见问题。
13. 能对手柄进行正确测量,评估与判断零件质量是否合格,并提出改进措施。
14. 能按照车间 6S 管理的要求,整理现场,保养设备并填写保养记录。
15. 能主动获取有效信息,展示学习成果,对学习与工作进行反思总结,并能与他人开展合作,进行有效沟通。

建议学时

40 学时。

任务描述

某机械厂寻求外协加工一批手柄(图 9-0-1),件数为 100,工期为 10 天(自签订外协加工合同之日算起),包工包料。要求在 24 小时内回复是否加工并报价。现生产主管部门委托我校机电信息系数控车工组来完成此加工任务。

图 9-0-1　手柄

任务流程

学习活动一:领取工作任务,工艺分析与编程。
学习活动二:手柄模拟加工。
学习活动三:手柄的加工任务实施。
学习活动四:手柄的检验和质量分析。
学习活动五:展示评价及工作总结。

学习活动一 领取工作任务,工艺分析与编程

 学习目标

1. 能独立阅读手柄生产任务单,明确工作任务,制订合理的工作流程。
2. 能识读零件图纸,并正确绘制手柄的零件图。
3. 能掌握手柄的加工方法。
4. 能分析零件图纸,填写零件的加工工序卡和工艺卡。
5. 能根据加工工艺、手柄的形状和材料等选取合适的刀具,并确定适当的切削用量。
6. 能根据要求,选择合理的零件装夹方法。
7. 能制订加工手柄的合理工艺路线。
8. 能利用 G71、G73 车削零件。
9. 能独立编写手柄的数控程序,会编写宏程序。

 建议学时

6 学时。

学习过程

一、阅读生产任务单

手柄生产任务单见表 9-1-1。

手柄生产任务单   表 9-1-1

单位名称				完成时间	年 月 日
序号	产品名称	材料	生产数量	技术要求、质量要求	
1	手柄	45 钢	100 件	按图样要求	
2					
3					
生产批准时间	年 月 日		批准人		
通知任务时间	年 月 日		发单人		
接单时间	年 月 日		接单人		生产班组

根据任务单回答下面的问题:

(1)手柄用哪种材料制作?

(2)列举你见过哪些不同形状的手柄? 它们一般用在什么场合? 用什么材料制成?

二、图形样板

加工如图 9-1-1 所示零件,毛坯尺寸为 $\phi35\text{mm} \times 110\text{mm}$,材料为 45 钢。

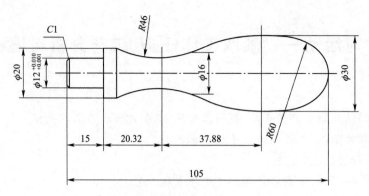

图 9-1-1 手柄图样(尺寸单位:mm)

1. 识读零件图,解读手柄零件的信息

(1)手柄零件的总长: _____。

(2)手柄的技术要求: _____。

(3)手柄的材料: _____。

(4)重要尺寸及其偏差: _____。

2. 通过查阅资料整理以下信息

(1)手柄的最大半径是: _____。

(2)手柄相邻两圆的中心距是: _____。

(3)手柄椭圆部分的短半轴长是: _____。

3. 绘制零件图

请你根据绘图要求,用手绘方式绘制手柄图,看谁绘得又好又快。

三、确定手柄的加工工艺并填写加工工艺卡

根据普通车床加工经验,小组讨论确定手柄数控车加工工艺并填写加工工艺卡,见表9-1-2。

手柄数控车加工工艺卡　　　　　　　　　　　　表9-1-2

（工厂名）	机械加工工艺过程卡片	产品名称及型号		零件名称			零件图号		
		材料	名称	毛坯	种类	零件质量（kg）	毛		第 页
			牌号		尺寸		净		共 页
			性能						
工序号	工序内容	车间	设备	工具			计划工时	实际工时	
				夹具	量具	刀具			
1									
2									
3									
4									
5									
6									
7									
更改内容									
编制		抄写		校对		审核		批准	

经小组讨论可以选择其他的加工工艺方案。

四、数控加工工艺分析

（1）根据手柄加工内容,填写该零件加工的车削刀具卡（表9-1-3）。

手柄加工的车削刀具卡　　　　　　　　　　　表9-1-3

刀具名称	刀具规格	材料	数量	刀具用途	备注

（2）根据以上分析,制订手柄的数控加工工序卡（表9-1-4）。

单位 名称	机械加工 工序卡片	产品名称或代号		零件名称	零件图号	工序名称	工序号	第　页
								共　页
画工序简图				车间	工段	材料名称	材料牌号	力学性能
				同时加工 件数	每批坯料 的件数	技术等级	单件时间 （min）	准备时间 终结时间 （min）
				设备名称	设备编号	夹具名称	夹具编号	切削液
				更改内容				

工步号	工步内容	刀具号	刀具规格 （mm）	主轴转速 （r/min）	进给速度 （mm/min）	背吃刀量 （mm）	备注
编制		审核		批准		共　页	第　页

五、编制程序

（1）写出椭圆的标准方程和参数方程。

（2）试计算圆弧与圆弧或圆弧与圆柱之间切点或交点的有关尺寸，把计算步骤写下来。

（3）根据零件图样，写出手柄的加工程序（可附纸）（表9-1-5）。

手柄的加工程序

表9-1-5

程 序 段 号	程 序	注 解

六、学习活动一小结（表9-1-6）

学习活动执行情况总结评价表

表9-1-6

活动名称			组别		记录人	
本活动涉及知识及技能要点总结	活动需解决的关键问题					
	活动需解决的难点问题					
	活动需掌握的知识要点					
	活动需掌握的技能要点					
个人学习情况评价	本人承担的任务					
	完成情况	完成比例（百分比%）		完成时间（按时、延时）	完成效果（优、良、一般）	
	本次活动完成个人主要贡献					
本组成员贡献评价	本组完成学习活动情况评价情况记录（在相应选项下画√并获得相应系数分）	优秀(3)	良好(2.5)	一般(1.5)	较差(0)	
	活动明星	最佳组织奖		最佳表达奖	最佳贡献奖	

学习活动二　手柄模拟加工

 学习目标

1.能遵守机房各项管理规定,按要求使用计算机。
2.能熟练应用仿真软件的界面及验证程序的过程。
3.能快速选择毛坯、设置刀具。
4.能熟悉零件的仿真精加工步骤。
5.能够运用指令编写加工程序,掌握对刀仿真操作与零件仿真加工过程。
6.能在程序中对错误程序进行修改。

 建议学时

6 学时。

学习过程

一、模拟加工设置

(1)选择哪类型的机床?

(2)毛坯应选择 ϕ 为多少? 长度为多少? 毛坯应伸出多长?

(3)一把外圆刀可以同时完成粗精车吗?

二、模拟加工

(1)观察 G73 的走刀路径,并画出走刀轨迹。

(2)运用已编制好的加工程序,观察仿真软件生成的刀具路径是否符合手柄加工要求。如果不符合要求,记录下来,以便更正。

问题①:

问题②:

问题③:

（3）根据手柄模拟加工问题的记录，分析出现问题的原因，并在小组讨论中提出预防措施或改进方法，填入表 9-2-1 中，以提高加工质量和效率。

手柄模拟加工问题　　　　　　　　　　　　　　表 9-2-1

问　　题	原　　因	预防措施或改进方法

（4）加工完后测量手柄的尺寸，如果发现尺寸不符合要求，如何解决？

三、学习活动二小结（表 9-2-2）

学习活动执行情况总结评价表　　　　　　　　　　表 9-2-2

活动名称			组别		记录人		
本活动涉及知识及技能要点总结	活动需解决的关键问题						
	活动需解决的难点问题						
	活动需掌握的知识要点						
	活动需掌握的技能要点						
个人学习情况评价	本人承担的任务						
	完成情况	完成比例（百分比%）		完成时间（按时、延时）		完成效果（优、良、一般）	
	本次活动完成个人主要贡献						
本组成员贡献评价	本组完成学习活动情况评价情况记录（在相应选项下画√并获得相应系数分）	优秀(3)		良好(2.5)	一般(1.5)		较差(0)
	活动明星	最佳组织奖		最佳表达奖		最佳贡献奖	

学习活动三 手柄的加工任务实施

 学习目标

1. 能根据现场条件,查阅相关资料,确定符合加工技术要求的工具、量具、夹具和辅件。
2. 能按图纸要求,测量毛坯外形尺寸,判断毛坯是否有足够的加工余量。
3. 能校验和检查所用量具的误差。
4. 能正确装夹工件,并对其进行找正。
5. 能正确规范地装夹数控刀具,并能正确进行刀具的换刀及对刀工作。
6. 能严格按照数控车床操作规程,进行手柄的加工。
7. 能根据切削状态调整切削用量,保证正常切削,并适时检测,保证手柄的加工精度。
8. 能在教师的指导下解决加工中出现的问题。
9. 能按产品工艺流程和车间要求,进行产品交接并规范填写交接班记录。
10. 能按照车间管理规定,正确规范地保养数控机床。

 建议学时

22 学时。

学习过程

一、加工准备

1. 刀具及工具、量具、辅具准备

(1)加工时你用到了哪些刀具?请列在表 9-3-1 中。

刀 具 清 单 表 9-3-1

序号	刀具名称	刀具编号	刀具材料	型号或规格
1				
2				
3				
4				
5				
6				
7				
8				

(2)你用到哪些工具、量具、辅具,请填写在表 9-3-2 中。

工具、量具、辅具清单 表 9-3-2

类别	序号	名 称	型号或规格	数 量	备 注
量具	1				
	2				
	3				
	4				

类别	序号	名　称	型号或规格	数　量	备　注
工具	1				
	2				
	3				
	4				
辅具	1				
	2				
	3				
	4				

根据以上清单领取工具、刀具、量具以及辅具并规范摆放。

2. 领取毛坯料

领取毛坯料,并测量毛坯外形尺寸,判断毛坯是否有足够的加工余量。记录所领毛坯料的实际尺寸。

3. 选择切削液

根据本次加工对象及所用刀具,确定本次应选择哪种切削液? 为什么?

二、加工零件

1. 机床准备(表9-3-3)

(1)启动机床。

(2)机床各轴回机床参考点。

(3)输入数控加工程序并检验。

机　床　准　备 　　　　表9-3-3

项目	机械部分				电器部分		数控系统部分			辅助部分	
设备检查	主轴部分	进给部分	刀库部分	润滑部分	主电源	冷却风扇	电器元件	控制部分	驱动部分	冷却	润滑
检查情况											

注:经检查后该部分完好,在相应项目下打"√";若出现问题及时报修。

2. 安装工件

正确装夹工件,并对其进行找正。

3. 装夹刀具

(1)正确装夹合适的刀具,确保刀具牢固可靠,并通过 MDI 操作设定主轴转速。

(2)外圆车刀是什么材质? 该材质的特点是什么?

4. 对刀

把外圆车刀与切槽刀对刀参数记录在表 9-3-4 中。

对 刀 参 数 表 9-3-4

刀具参数 刀具名称	X	Z	R	T
外圆车刀(T0101)				
切槽刀(T0202)				

5. 录入程序并校验

(1)你所录程序的程序名是：_____。

(2)把通过校验的程序录入到数控机床中。

(3)对照程序单检查程序,并注意程序功能是否齐全。

6. 自动加工

(1)为了保证零件的加工精度,在粗加工后应检测零件各部分的尺寸,记录并确定补偿值,见表 9-3-5。

检 测 数 据 表 表 9-3-5

序号	直径测量数据	补偿数据(X 轴磨耗)	长度测量数据	补偿数据(Z 轴磨耗)
1				
2				
3				
4				

(2)加工中注意观察刀具切削情况,记录加工中不合理的因素,以便纠正,提高工作效率(如切削用量、加工路径是否合理,刀具是否有干涉等)。将手柄加工中遇到的问题填入表 9-3-6 中。

手柄加工中遇到的问题 表 9-3-6

问 题	产生原因	预防措施或改进方法

学习活动四 手柄的检验和质量分析

学习目标

1.能选择合适的量具,完成手柄各要素的直接和间接测量。

2.能根据零件的检测结果,分析误差产生的原因。

3.能正确规范地使用工、量具,并对其进行合理保养和维护,注意工、量具的摆放。

4.能根据检测结果,正确填写检验报告单。

5.能按检验室管理要求,正确放置和检验工、量具。

建议学时

4 学时。

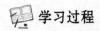**学习过程**

一、手柄零件质量检验单（供参考，学生可通过讨论自行确定）

手柄零件质量检验单见表9-4-1。

手柄质量检验单 　　　　　　　　　　　　　　　　　　　　　　　　　　　　表9-4-1

考核项目	序号	技术要求	检验结果	是否合格
外圆	1	$\phi12^{+0.019}_{+0.001}$mm		
	2	$\phi20$mm		
	3	$\phi16$mm		
	4	$\phi30$mm		
圆弧	5	$R60$mm		
	6	$R46$mm		
长度	7	15mm		
	8	20.32mm		
	9	37.88mm		
	10	105mm		
倒角	11	$C1$mm		
表面粗糙度	12	$R_a3.2\mu$m		

二、做出评定

根据质量检验报告单对产品质量做出评定（在符合的选项上打"√"）。

合格□　　次品□　　废品□

三、不合格尺寸分析

填写表9-4-2，说说你的产品哪些尺寸不合格？是什么原因造成的？如何来解决？

不合格尺寸分析 　　　　　　　　　　　　　　　　　　　　　　　　　　　　表9-4-2

不合格尺寸		产生的原因	造成的后果	解决的办法
标注尺寸	测量尺寸			

学习活动五　展示评价及工作总结

学习目标

1. 能进行分组展示工作成果，说明本次的任务的完成情况，并作分析总结。

2. 能结合自身完成情况，认真填写工作总结。

3. 能根据老师的评价，反思自身的不足，并在以后的工作中不断改正。

建议学时

2学时。

学习过程

一、成果展示（表9-5-1）

成 果 展 示 表9-5-1

与其他组相比,本小组的工件工艺你认为如何?	工艺一般□　工艺合理□　工艺优化□
本小组人演示工件检测方法操作正确吗?	不正确□　部分正确□　正确□
本小组演示遵循了"6S"的工作要求吗?	完全没有遵循□　忽略了部分要求□　符合工作要求□
本小组的成员团队创新精神如何?	良好□　一般□　不足□
展示的工件符合技术标准吗?	合格□　不良□　返修□　报废□

二、任务总结评价表（表9-5-2）

学习任务完成情况总结评价表 表9-5-2

任务名称				组别		记录人	
任务完成要点总结	完成任务需解决的关键问题						
	本任务学习掌握的知识要点						
	本任务学习掌握的技能要点						
	完成任务运用的学习方法						
任务完成情况技术评价得分	序号	评价项目	配分	评价细则		得分	总分
	1	准备工作	10				
	2						
	3	工艺要求	60				
	4						
	5						
	6						
	7						
	8						
	9						
	10						
	11						
	12						
	13	清理场地	10				
	14						
	15	安全文明生产	20				
	16						
个人分项得分	个人学习活动自主评价均分(20%)		任务完成情况技术得分(50%)		小组任务完成情况教师评价得分(20%)		组长评价得分(10%)
总评得分							
个人完成任务心得							

学习任务十　子弹挂件的加工

学习目标

1. 能按照数控加工车间安全防护规定,严格执行安全操作规程。

2. 能根据零件图完成对子弹挂件零件加工所需的信息进行收集和整理,并制订计划。

3. 能根据子弹挂件零件图样,确定子弹挂件零件数控车加工工艺,填写子弹挂件零件的加工工艺卡。

4. 能对子弹挂件零件进行编程前的数学处理。

5. 能正确编写子弹挂件零件的数控车加工程序。

6. 能应用数控车床的模拟检验功能,检查程序编写中的错误,并对程序进行优化。

7. 能根据现场条件,查阅相关资料,确定符合加工技术要求的工具、量具、夹具和辅件。

8. 能独立完成子弹挂件零件的数控车加工任务。

9. 能在教师的指导下解决加工出现的常见问题。

10. 能对子弹挂件零件进行检测,判断零件质量是否合格,并提出改进措施。

11. 能按照车间 6S 管理的要求,整理现场,保养设备并填写保养记录。

12. 能主动获取有效信息,展示学习成果,对学习与工作进行反思总结,并能与他人开展合作,进行有效沟通。

建议学时

36 学时。

任务描述

抗日战争胜利 70 周年,某工厂委托我院机电工程系加工一批子弹挂件零件(图 10-0-1),件数为 100,工期为 5 天,包工包料。

图 10-0-1　子弹挂件零件

任务流程

学习活动一:领取工作任务,工艺分析与编程。
学习活动二:子弹挂件零件的加工任务实施。
学习活动三:子弹挂件零件的检验和质量分析。
学习活动四:展示评价及工作总结。

学习活动一 领取工作任务,工艺分析与编程

 学习目标

1. 能独立阅读子弹挂件生产任务单,明确工作任务,制订合理的工作流程。
2. 能识读零件图纸,并正确绘子弹挂件零件图。
3. 能分析零件图纸,填写零件的加工工序卡和工艺卡。
4. 能根据加工工艺、子弹挂件的形状和材料等选取合适的刀具,并确定适当的切削用量。
5. 能根据要求,选择合理的零件装夹方式。
6. 能制订加工子弹挂件的合理工艺路线。
7. 能独立编写加工子弹挂件的数控程序。

 建议学时

8 学时。

学习过程

一、阅读生产任务单

子弹挂件生产任务单见表10-1-1。

子弹挂件生产任务单

表 10-1-1

单位名称				完成时间		年 月 日	
序号	产品名称	材料	生产数量	技术要求、质量要求			
1	子弹挂件	H68	100 件	按图样要求			
2							
3							
生产批准时间		年 月 日	批准人				
通知任务时间		年 月 日	发单人				
接单时间		年 月 日	接单人		生产班组		

根据任务单回答下面的问题:

(1)子弹外形一般由哪些几何要素组成?

(2)子弹通常是用什么材料制成的? 本次加工子弹挂件采用的是什么材料?

(3)本次加工生产任务工期为 5 天,请根据任务要求,制订合理的工作进度计划,并根据小组成员的特点进行分工,见表10-1-2。

序号	工 作 内 容	时 间	成 员	负 责 人
1	工艺分析			
2	程序编制			
3	车削加工			
4	成品检验与质量分析			

二、图形样板

加工如图 10-1-1 所示零件,毛坯尺寸为 $\phi65\text{mm} \times 40\text{mm}$,材料为 45 钢。

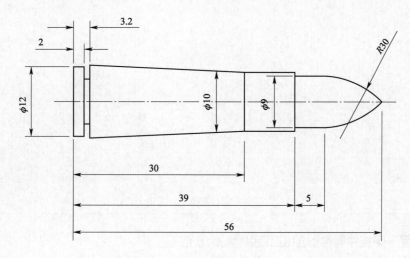

图 10-1-1　子弹挂件图样(尺寸单位:mm)

1.识读零件图,解读子弹挂件信息

(1)该图纸的名称是_____ ,比例是_____,零件的材料是_____。

(2)该子弹挂件零件的长度尺寸有:_____ ,_____ ,_____ ,_____。

(3)该子弹挂件零件的外圆尺寸有:_____。

(4)该零件圆锥部分圆锥角是_____和_____ 。

(5)曲线部分圆弧半径_____ 。

(6)该子弹挂件零件的表面粗糙度值是_____ 。

2.通过查阅资料整理以下信息

(1)子弹挂件的曲线是什么曲线?

(2)零件图中有哪些结构要素?

3.绘制零件图

请你根据绘图要求,用手绘方式绘制子弹挂件零件图,看谁绘得又好又快。

三、确定子弹挂件零件的加工工艺并填写加工工艺卡

小组讨论确定子弹挂件零件数控加工工艺并填写加工工艺卡,见表10-1-3。

子弹挂件零件数控加工工艺卡   表10-1-3

单位 名称		产品名称		图号		数量			
		零件名称		材料		毛坯尺寸			
工序号	工 序 内 容			车间	设备	工具		计划工时	实际工时
						夹具	量具		
1									
2									
3									
4									
5									
6									
7									
编制		审核		批准		共 页		第 页	

四、数控加工工艺分析

(1)根据子弹挂件零件加工内容,填写子弹挂件加工的车削刀具卡(表10-1-4)。

子弹挂件加工的车削刀具卡　　　　　　表 10-1-4

刀具名称	刀具规格	材料	数量	刀具用途	备注

（2）根据以上分析,制订子弹挂件零件的数控加工工序卡（表 10-1-5）。

子弹挂件零件数控加工工序卡　　　　　　表 10-1-5

单位名称		产品名称或代号		零件名称		零件图号	
工序号	程序编号	夹具名称		使用设备		车间	
工步号	工步内容	刀具号	刀具规格 （mm）	主轴转速 （r/min）	进给速度 （mm/min）	背吃刀量 （mm）	备注
编制		审核		批准		第　页	共　页

五、编制程序

（1）绘制零件简图,画出编程坐标系并标出编程原点。

（2）在加工子弹挂件零件时,应采取什么样的装夹方法?

（3）根据零件图样,写出加工子弹挂件的加工程序（可附纸）（表 10-1-6）。

子弹挂件的加工程序 表 10-1-6

程 序 段 号	程　　序	注　　解

六、学习活动一小结（表 10-1-7）

学习活动执行情况总结评价表 表 10-1-7

活动名称			组别			记录人		
本活动涉及知识及技能要点总结	活动需解决的关键问题							
	活动需解决的难点问题							
	活动需掌握的知识要点							
	活动需掌握的技能要点							
个人学习情况评价	本人承担的任务							
	完成情况	完成比例（百分比%）		完成时间（按时、延时）			完成效果（优、良、一般）	
	本次活动完成个人主要贡献							
本组成员贡献评价	本组完成学习活动情况评价情况记录（在相应选项下画√并获得相应系数分）	优秀(3)		良好(2.5)		一般(1.5)		较差(0)
	活动明星	最佳组织奖		最佳表达奖			最佳贡献奖	

学习活动二　子弹挂件零件的加工任务实施

 学习目标

1. 能根据现场条件,查阅相关资料,确定符合加工技术要求的工具、量具、夹具和辅件。
2. 能按图纸要求,测量毛坯外形尺寸,判断毛坯是否有足够的加工余量。
3. 能描述切削液的种类和使用场合,正确选择本次任务要用的切削液。
4. 能正确装夹工件,并对其进行找正。
5. 能严格按照数控车床操作规程,进行子弹挂件零件的加工。
6. 能根据切削状态调整切削用量,保证正常切削,并适时检测,保证子弹挂件加工精度。
7. 能在教师的指导下解决加工中出现的问题。
8. 能按产品工艺流程和车间要求,进行产品交接并规范填写交接班记录表。

 建议学时

22 学时。

 学习过程

一、加工准备

1. 刀具及工具、量具、辅具准备
(1)加工时你用到了哪些刀具? 请列在表 10-2-1 中。

刀　具　清　单　　　　　　　　　　　　　　　表 10-2-1

序号	刀具名称	刀具编号	刀具材料	型号或规格
1				
2				
3				
4				
5				
6				
7				
8				

(2)你用到哪些工具、量具、辅具,请填写在表 10-2-2 中。

工具、量具、辅具清单　　　　　　　　　　　　表 10-2-2

类别	序号	名　　称	型号或规格	数　　量	备　　注
量具	1				
	2				
	3				
	4				

类别	序号	名　称	型号或规格	数　量	备　注
工具	1				
	2				
	3				
	4				
辅具	1				
	2				
	3				
	4				

根据以上清单领取工具、刀具、量具以及辅具并规范摆放。

2. 领取毛坯料

领取毛坯料,并测量毛坯外形尺寸,判断毛坯是否有足够的加工余量。记录所领毛坯料的实际尺寸。

3. 选择切削液

本次加工应选用哪种切削液?为什么?

4. 刀具安装

说一说外圆车刀和车槽刀安装的方法步骤。

二、加工零件

1. 机床准备(表 10-2-3)

(1)启动机床。

(2)机床各轴回机床参考点。

(3)输入数控加工程序并检验。

机 床 准 备   表 10-2-3

项目	机械部分			电器部分		数控系统部分				辅助部分	
设备检查	主轴部分	进给部分	润滑部分	主电源	冷却风扇	电器元件	控制部分	驱动部分	冷却	润滑	
检查情况											

注:经检查后该部分完好,在相应项目下打"√";若出现问题及时报修。

2. 安装工件

正确装夹工件,并对其进行找正。

3. 装夹刀具

正确装夹刀具,确保刀具牢固可靠,并通过 MDI 操作设定主轴转速。

4. 对刀

把外圆车刀、车槽刀对刀参数记录在表 10-2-4 中。

对 刀 参 数

表 10-2-4

刀具名称 \ 刀具参数	X	Z	R	T
外圆车刀(T0101)				
车槽刀(T0202)				

5. 录入程序并校验

(1)你所录程序的程序名是:＿＿＿＿＿＿＿＿＿＿＿＿＿＿＿＿＿＿。

(2)把通过校验的程序录入到数控机床中。

(3)对照程序单检查程序,并注意程序功能是否齐全。

6. 自动加工

(1)加工中注意观察加工情况,记录加工中出现的错误,并分析原因,提出改进措施。将子弹挂件加工中出现的问题及改进措施填入表 10-2-5 中。

子弹挂件加工中出现的问题及改进措施

表 10-2-5

问　　题	产生原因	改进措施

(2)实际生产中,在加工了很多零件后,为了继续保证零件的加工精度,在粗加工后应检测零件各部分的尺寸,记录并确定补偿值,见表 10-2-6。

检 测 数 据 表

表 10-2-6

序　　号	直径测量数据	补偿数据(X 轴磨耗)	长度测量数据	补偿数据(Z 轴磨耗)

三、学习活动二小结（表10-2-7）

学习活动执行情况总结评价表   表10-2-7

活动名称				组别		记录人	
本活动涉及知识及技能要点总结	活动需解决的关键问题						
	活动需解决的难点问题						
	活动需掌握的知识要点						
	活动需掌握的技能要点						
个人学习情况评价	本人承担的任务						
	完成情况	完成比例（百分比%）		完成时间（按时、延时）		完成效果（优、良、一般）	
	本次活动完成个人主要贡献						
本组成员贡献评价	本组完成学习活动情况评价情况记录（在相应选项下画√并获得相应系数分）	优秀(3)		良好(2.5)	一般(1.5)		较差(0)
	活动明星	最佳组织奖		最佳表达奖		最佳贡献奖	

学习活动三　子弹挂件零件的检验和质量分析

 学习目标

1. 能选择合适的量具，完成子弹挂件零件各要素的直接和间接测量。
2. 能根据零件的检测结果，分析误差产生的原因。
3. 能正确规范地使用工、量具，并对其进行合理保养和维护，注意工、量具的摆放。
4. 能根据检测结果，正确填写检验报告单。

 建议学时

4 学时。

学习过程

一、子弹挂件零件质量检验单（供参考，学生可通过讨论自行确定）

子弹挂件零件质量检验单见表10-3-1。

148

考核项目	序号	技术要求	检验结果	是否合格
外圆	1	$\phi12\text{mm}$		
	2	$\phi10\text{mm}$		
	3	$\phi9\text{mm}$		
	4	$\phi8\text{mm}$		
长度	5	3.2mm		
	6	2mm		
	7	56mm		
	8	39mm		
	9	30mm		
	10	6mm		
圆弧	11	$R30\text{mm}$		
表面粗糙度	12	$R_a1.6\mu\text{m}$		

二、做出评定

根据质量检验报告单对产品质量做出评定(在符合的选项上打"√")。

合格□   次品□   废品□

三、不合格尺寸分析

填写表 10-3-2,说说你的产品哪些尺寸不合格?是什么原因造成的?如何来解决?

不合格尺寸分析   表 10-3-2

不合格尺寸		产生的原因	造成的后果	解决的办法
标注尺寸	测量尺寸			

学习活动四　展示评价及工作总结

学习目标

1. 能进行分组展示工作成果,说明本次的任务的完成情况,并作分析总结。

2. 能结合自身完成情况,认真填写工作总结。

3. 能根据老师的评价,反思自身的不足,并在以后的工作中不断改正。

建议学时

2 学时。

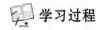 学习过程

一、成果展示（表10-4-1）

成 果 展 示 表10-4-1

与其他组相比,本小组的工件工艺你认为	工艺一般□　工艺合理□　工艺优化□
本小组人演示工件检测方法操作正确吗？	不正确□　部分正确□　正确□
本小组演示遵循了"6S"的工作要求吗？	完全没有遵循□　忽略了部分要求□　符合工作要求□
本小组的成员团队创新精神如何？	良好□　一般□　不足□
展示的工件符合技术标准吗？	合格□　不良□　返修□　报废□

二、任务总结评价表（表10-4-2）

学习任务完成情况总结评价表 表10-4-2

任务名称			组别		记录人		
任务完成要点总结	完成任务需解决的关键问题						
	本任务学习掌握的知识要点						
	本任务学习掌握的技能要点						
	完成任务运用的学习方法						
任务完成情况技术评价得分	序号	评价项目	配分	评价细则		得分	总分
	1	准备工作	10				
	2						
	3	工艺要求	60				
	4						
	5						
	6						
	7						
	8						
	9						
	10						
	11						
	12						
	13	清理场地	10				
	14						
	15	安全文明生产	20				
	16						
个人分项得分	个人学习活动自主评价均分(20%)		任务完成情况技术得分(50%)		小组任务完成情况教师评价得分(20%)		组长评价得分(10%)
总评得分							
个人完成任务心得							

学习任务十一　特殊曲线零件的加工

学习目标

1. 能按照数控加工车间安全防护规定,严格执行安全操作规程。

2. 能根据零件图对完成特殊曲线零件的加工所需的信息进行收集和整理,并制订计划。

3. 能根据特殊曲线零件图样,确定特殊曲线零件数控车加工工艺,填写轴套零件的加工工艺卡。

4. 能对特殊曲线零件进行编程前的数学处理。

5. 能正确编写特殊曲线零件的数控车加工程序。

6. 能应用数控车床的模拟检验功能,检查程序编写中的错误,并对程序进行优化。

7. 能根据现场条件,查阅相关资料,确定符合加工技术要求的工具、量具、夹具和辅件。

8. 能独立完成特殊曲线零件的数控车加工任务。

9. 能在教师的指导下解决加工出现的常见问题。

10. 能对特殊曲线零件进行正确测量,评估与判断零件质量是否合格,并提出改进措施。

11. 能按照车间6S管理的要求,整理现场,保养设备并填写保养记录。

12. 能主动获取有效信息,展示学习成果,对学习与工作进行反思总结,并能与他人开展合作,进行有效沟通。

建议学时

44学时。

任务描述

某机械厂寻求外协加工一批特殊曲线零件(图11-0-1),件数为100,工期为5天(签订外协加工合同算起),包工包料。现生产主管部门委托我院机电工程系来完成此加工任务。

图11-0-1　特殊曲线零件

任务流程

学习活动一:领取工作任务,工艺分析与编程。

学习活动二:特殊曲线零件模拟加工。

学习活动三:特殊曲线零件的加工任务实施。

学习活动四:特殊曲线零件的检验和质量分析。

学习活动五:展示评价及工作总结。

学习活动一 领取工作任务,工艺分析与编程

 学习目标

1. 能独立阅读特殊曲线零件生产任务单,明确工作任务,制订合理的工作流程。

2. 能识读零件图纸,并正确绘制特殊曲线零件图。

3. 能分析零件图纸,制订加工特殊曲线零件的合理工艺路线,填写零件的加工工序卡和工艺卡。

4. 能根据加工工艺、特殊曲线零件的形状和材料等选取合适的刀具,并确定正确的切削用量。

5. 能按照工艺要求,选择正确的零件装夹方法。

6. 能独立编写加工特殊曲线零件的数控程序。

 建议学时

8 学时。

 学习过程

一、阅读生产任务单

特殊曲线零件生产任务单见表 11-1-1。

特殊曲线零件生产任务单 表 11-1-1

单位名称				完成时间		年 月 日
序号	产品名称	材料	生产数量	技术要求、质量要求		
1	特殊曲线零件	45 钢	100 件	按图样要求		
2						
3						
生产批准时间		年 月 日	批准人			
通知任务时间		年 月 日	发单人			
接单时间		年 月 日	接单人		生产班组	

根据任务单回答下面的问题:

(1)查阅资料,说说特殊曲线包括哪些曲线?

(2)在日常生活中,你见过哪些特殊曲线零件?

(3)加工特殊曲线零件刀具选择方法是 _____。

二、图形样板

加工如图 11-1-1 所示零件,毛坯尺寸为 $\phi45\,\text{mm} \times 85\,\text{mm}$,材料为 45 钢。

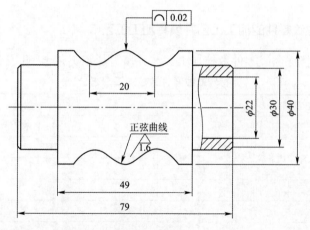

图 11-1-1　特殊曲线零件(尺寸单位:mm)

1.识读零件图,解读特殊曲线零件信息

(1)该特殊曲线零件的长度尺寸有_____ ,_____。

(2)该特殊曲线零件的外圆直径有_____ ,_____。

(3)该特殊曲线零件的内孔直径有_____ 。

(4)由图纸中曲线可得出正弦函数的方程_____。

2.通过查阅资料整理以下信息

(1)正弦函数的曲线方程是什么?

(2)图中有哪些几何公差? 是什么含义?

(3)⟨✓⟩该图形符号是_____ 。

3.绘制零件图

请你根据绘图要求,用手绘方式绘制特殊曲线零件图,看谁绘得又好又快。

三、制定特殊曲线零件的加工工艺并填写加工工艺卡

小组讨论制定特殊曲线零件数控加工工艺并填写加工工艺卡,见表 11-1-2。

特殊曲线零件数控加工工艺卡 表 11-1-2

单位名称		产品名称		图号		数量	
		零件名称		材料		毛坯尺寸	
工序号	工 序 内 容		车间	设备	工具		计划工时	实际工时
					夹具	量具		
1								
2								
3								
4								
5								
6								
7								
编制			审核	批准			共 页	第 页

四、数控加工工艺分析

(1)根据特殊曲线零件加工内容,填写特殊曲线零件加工的车削刀具卡(表 11-1-3)。

特殊曲线零件加工的车削刀具卡 表 11-1-3

刀具名称	刀具规格	材料	数量	刀具用途	备注

(2)根据以上分析,制订特殊曲线零件的数控加工工序卡(表 11-1-4)。

单位名称		产品名称或代号		零件名称		零件图号	
工序号	程序编号	夹具名称		使用设备		车间	
工步号	工步内容	刀具号	刀具规格（mm）	主轴转速（r/min）	进给速度（mm/min）	背吃刀量（mm）	备注
编制		审核		批准		第 页	共 页

五、编制程序

(1)绘制零件简图,画出编程坐标系并标出编程原点。

(2)加工特殊曲线零件的夹具是_____ ,装夹方式是_____。

(3)特殊曲线零件的加工路线是_____

_____。

(4)特殊曲线零件加工有外形加工和内孔加工,内孔与外形加工的刀具起刀点设置有什么不同? 写出本零件内孔和外形加工刀具起刀点的坐标位置。

(5)根据零件图样,写出加工特殊曲线零件的加工程序(可附纸)(表 11-1-5)。

特殊曲线零件的加工程序 表 11-1-5

程序段号	程序	注解

六、学习活动一小结（表11-1-6）

学习活动执行情况总结评价表 表11-1-6

活动名称				组别		记录人	
本活动涉及知识及技能要点总结	活动需解决的关键问题						
	活动需解决的难点问题						
	活动需掌握的知识要点						
	活动需掌握的技能要点						
个人学习情况评价	本人承担的任务						
	完成情况	完成比例（百分比%）		完成时间（按时、延时）		完成效果（优、良、一般）	
	本次活动完成个人主要贡献						
本组成员贡献评价	本组完成学习活动情况评价情况记录(在相应选项下画√并获得相应系数分)	优秀(3)		良好(2.5)	一般(1.5)	较差(0)	
	活动明星	最佳组织奖		最佳表达奖		最佳贡献奖	

学习活动二　特殊曲线零件模拟加工

学习目标

1. 能遵守机房各项管理规定，按要求使用计算机。

2. 能熟练应用仿真软件的界面及验证程序的过程。

3. 能快速选择毛坯、设置刀具。

4. 能够运用指令编写加工程序,掌握对刀仿真操作与零件仿真加工过程。

5. 能在程序中对错误程序进行修改。

建议学时

8学时。

学习过程

一、模拟加工条件设置

（1）简述设置机床类型步骤。

（2）简述设置夹具与装夹位置步骤。

（3）简述选择毛坯大小与位置的步骤。

（4）简述设置刀具参数的步骤。

二、模拟加工

（1）输入加工程序并运行,注意仿真软件生成的刀具路径是否符合特殊曲线零件加工要求。如果有错误,记录下来(表11-2-1),以便更正。

刀具路径出错表   表11-2-1

错误1	
错误2	
错误3	

（2）由刀具路径出错表,找出程序中错误的程序段,并在小组讨论中提出解决办法,见表11-2-2。

出错原因及解决办法   表11-2-2

出错的程序段	原　因	解　决　办　法

（3）说说通过仿真软件检验特殊曲线零件的加工程序的步骤。

三、学习活动二小结（表11-2-3）

学习活动执行情况总结评价表   表11-2-3

活动名称			组别			记录人		
本活动涉及知识及技能要点总结	活动需解决的关键问题							
	活动需解决的难点问题							
	活动需掌握的知识要点							
	活动需掌握的技能要点							
个人学习情况评价	本人承担的任务							
	完成情况	完成比例（百分比%）		完成时间（按时、延时）			完成效果（优、良、一般）	
	本次活动完成个人主要贡献							
本组成员贡献评价	本组完成学习活动情况评价情况记录（在相应选项下画√并获得相应系数分）	优秀(3)		良好(2.5)		一般(1.5)		较差(0)
	活动明星	最佳组织奖		最佳表达奖			最佳贡献奖	

学习活动三　特殊曲线零件的加工任务实施

学习目标

1.能根据现场条件，查阅相关资料，确定符合加工技术要求的工具、量具、夹具和辅件。

2.能按图纸要求，测量毛坯外形尺寸，判断毛坯是否有足够的加工余量。

3.能正确装夹工件，并对其进行找正。

4.能严格按照数控车床操作规程，进行特殊曲线零件的加工。

5.能根据切削状态调整切削用量，保证正常切削，并适时检测，保证特殊曲线零件加工精度。

6.能在教师的指导下解决加工中出现的问题。

7.能按产品工艺流程和车间要求，进行产品交接并规范填写交接班记录表。

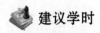 **建议学时**

22 学时。

 学习过程

一、加工准备

1. 刀具及工具、量具、辅具准备

(1)加工时你用到了哪些刀具？请列在表 11-3-1 中。

刀 具 清 单   表 11-3-1

序号	刀具名称	刀具编号	刀具材料	型号或规格
1				
2				
3				
4				
5				
6				
7				
8				

(2)你用到哪些工具、量具、辅具,请填写在表 11-3-2 中。

工具、量具、辅具清单   表 11-3-2

类别	序号	名　称	型号或规格	数　量	备　注
量具	1				
	2				
	3				
	4				
工具	1				
	2				
	3				
	4				
辅具	1				
	2				
	3				
	4				

根据以上清单领取工具、刀具、量具以及辅具并规范摆放。

2. 领取毛坯料

领取毛坯料,并测量毛坯外形尺寸,判断毛坯是否有足够的加工余量。记录所领毛坯料的实际尺寸。

3.选择切削液

本次加工应选用哪种切削液？为什么？

二、加工零件

1.机床准备(表11-3-3)

(1)启动机床。

(2)机床各轴回机床参考点。

(3)输入数控加工程序并检验。

机 床 准 备   表11-3-3

项目	机械部分			电器部分		数控系统部分			辅助部分	
设备检查	主轴部分	进给部分	润滑部分	主电源	冷却风扇	电器元件	控制部分	驱动部分	冷却	润滑
检查情况										

注:经检查后该部分完好,在相应项目下打"√";若出现问题及时报修。

2.安装工件

正确装夹工件,并对其进行找正。

3.装夹刀具

正确装夹刀具,确保刀具牢固可靠,并通过 MDI 操作设定主轴转速。

4.对刀

把外圆车刀、内孔车刀对刀参数记录在表11-3-4 中。

对 刀 参 数   表11-3-4

刀具参数 / 刀具名称	X	Z	R	T
外圆车刀(T0101)				
内孔车刀(T0202)				

5.录入程序并校验

(1)你所录程序的程序名是:_____。

(2)把通过校验的程序录入到数控机床中。

(3)对照程序单检查程序,并注意程序功能是否齐全。

6.自动加工

(1)加工中注意观察加工情况,记录加工中出现的错误,并分析原因,提出改进措施。将特殊曲线零件加工中出现的问题及改进措施填入表11-3-5 中。

特殊曲线零件加工中出现的问题及改进措施   表11-3-5

问　　题	产生原因	改进措施

(2)实际生产中,在加工了很多零件后,为了继续保证零件的加工精度,在粗加工后应检测零件各部分的尺寸,记录并确定补偿值,见表11-3-6。

检 测 数 据 表 表11-3-6

序　号	直径测量数据	补偿数据(X轴磨耗)	长度测量数据	补偿数据(Z轴磨耗)

三、学习活动三小结(表11-3-7)

学习活动执行情况总结评价表 表11-3-7

活动名称				组别		记录人	
本活动涉及知识及技能要点总结	活动需解决的关键问题						
	活动需解决的难点问题						
	活动需掌握的知识要点						
	活动需掌握的技能要点						
个人学习情况评价	本人承担的任务						
	完成情况	完成比例(百分比%)		完成时间(按时、延时)		完成效果(优、良、一般)	
	本次活动完成个人主要贡献						
本组成员贡献评价	本组完成学习活动情况评价情况记录(在相应选项下画√并获得相应系数分)	优秀(3)		良好(2.5)	一般(1.5)		较差(0)
	活动明星	最佳组织奖		最佳表达奖		最佳贡献奖	

学习活动四 特殊曲线零件的检验和质量分析

 学习目标

1. 能选择合适的量具,完成特殊曲线零件各要素的直接和间接测量。
2. 能根据零件的检测结果,分析误差产生的原因。
3. 能正确规范地使用工、量具,并对其进行合理保养和维护,注意工、量具的摆放。
4. 能根据检测结果,正确填写检验报告单。

 建议学时

4 学时。

学习过程

一、特殊曲线零件质量检验单(供参考,学生可通过讨论自行确定)

特殊曲线零件质量检验单见表 11-4-1。

特殊曲线零件质量检验单　　　　　　　　　　表 11-4-1

考核项目	序号	技术要求	检验结果	是否合格
外圆	1	$\phi40$mm		
	2	$\phi30$mm		
长度	3	80mm		
	4	50mm		
	5	20mm		
内孔	6	$\phi22$mm		
线轮廓度	7	⌒ 0.02		
深度	8	6mm		
倒角	9	$C1$mm		
表面粗糙度	10	$R_a3.2\mu$m		

二、做出评定

根据质量检验报告单对产品质量做出评定(在符合的选项上打"√")。

合格□　　次品□　　废品□

三、不合格尺寸分析

填写表11-4-2,说说你的产品哪些尺寸不合格？是什么原因造成的？如何来解决？

不合格尺寸分析
表11-4-2

不合格尺寸		产生的原因	造成的后果	解决的办法
标注尺寸	测量尺寸			

学习活动五　展示评价及工作总结

 学习目标

1. 能进行分组展示工作成果,说明本次的任务的完成情况,并作分析总结。

2. 能结合自身完成情况,认真填写工作总结。

3. 能根据老师的评价,反思自身的不足,并在以后的工作中不断改正。

 建议学时

2 学时。

 学习过程

一、成果展示(表11-5-1)

成　果　展　示
表11-5-1

与其他组相比,本小组的工件工艺你认为如何?	工艺一般□　工艺合理□　工艺优化□
本小组人演示工件检测方法操作正确吗?	不正确□　部分正确□　正确□
本小组演示遵循了"6S"的工作要求吗?	完全没有遵循□　忽略了部分要求□　符合工作要求□
本小组的成员团队创新精神如何?	良好□　一般□　不足□
展示的工件符合技术标准吗?	合格□　不良□　返修□　报废□

二、任务总结评价表(表11-5-2)

学习任务完成情况总结评价表   表11-5-2

任务名称					组别		记录人	
任务完成要点总结	完成任务需解决的关键问题							
	本任务学习掌握的知识要点							
	本任务学习掌握的技能要点							
	完成任务运用的学习方法							

	序号	评价项目	配分	评价细则			得分	总分
任务完成情况技术评价得分	1	准备工作	10					
	2							
	3	工艺要求	60					
	4							
	5							
	6							
	7							
	8							
	9							
	10							
	11							
	12							
	13	清理场地	10					
	14							
	15	安全文明生产	20					
	16							

个人分项得分	个人学习活动自主评价均分(20%)	任务完成情况技术得分(50%)	小组任务完成情况教师评价得分(20%)	组长评价得分(10%)

总评得分	
个人完成任务心得	

· 164 ·

附　录

交 接 班 记 录

设备名称：　　　　设备编号：　　　　使用班组：

项目	交接机床	交接工、量、刃具	交接图样	交接材料	交接成品	交接半成品	工艺技术交流
数量、使用情况（交班人填写）							
交班人							
接班人							
日期							

设备日常保养记录卡

设备名称：　　　设备编号：　　　使用部门：　　　保养年月：　　　存档编码：

	1	2	3	4	5	6	7	8	9	10	11	12	13	14	15	16	17	18	19	20	21	22	23	24	25	26	27	28	29	30	31
环境卫生																															
机身整洁																															
加油润滑																															
工具整齐																															
电器损坏																															
机械损坏																															
保养人																															
机械异常备注																															

审核员：　　　　　　　　　　　　　　　　　　　　　年　月　日

注:保养后,用"√"表示日保;"△"表示周保;"○"表示月保;"Y"表示一级保养;"X"表示有损坏或异常现象,应在"机械异常备注"中给予记录。

参 考 文 献

[1] 李国会. 数控编程[M]. 上海：上海交通大学出版社, 2011.

[2] 人力资源和社会保障部教材办公室. 数控车床操作与零件加工[M]. 北京：中国劳动社会保障出版社, 2013.

[3] 劳动和社会保障部教材办公室. 数控车工（高级）—教材[M]. 北京：中国劳动社会保障出版社, 2007.

[4] 劳动和社会保障部教材办公室. 数控车工（中级）—教材[M]. 北京：中国劳动社会保障出版社, 2007.

[5] 沈建峰, 朱勤慧. 数控车床技能鉴定考点分析和试题集萃[M]. 陕西：化学工业出版社, 2007.

[6] 人力资源和社会保障部教材办公室. 金属材料与热处理[M]. 6 版. 北京：中国劳动社会保障出版社, 2011.

[7] 人力资源和社会保障部教材办公室. 机械基础[M]. 5 版. 北京：中国劳动社会保障出版社, 2011.

[8] 人力资源和社会保障部教材办公室. 极限配合与技术测量基础[M]. 4 版. 北京：中国劳动社会保障出版社, 2011.

[9] 人力资源和社会保障部教材办公室. 机械制图[M]. 6 版. 北京：中国劳动社会保障出版社, 2011.

[10] 李光敏. 机械原理[M]. 7 版. 北京：水利水电出版社, 2012.

[11] 刘立, 丁辉. 数控编程[M]. 2 版. 北京：北京理工大学出版社, 2012.

[12] 沈建峰, 金玉峰. 数控编程 200 例[M]. 北京：中国电力出版社, 2008.

[13] 人力资源和社会保障部教材办公室. 数控编程与操作实训课题[M]. 北京：中国劳动社会保障出版社, 2011.

[14] 周湛学, 刘玉忠. 数控编程速查手册[M]. 2 版. 北京：化学工业出版社, 2013.

[15] 陈晓丽. 数控编程及仿真加工[M]. 武汉：武汉大学出版社, 2014.

[16] 周保牛, 黄俊桂. 数控编程与技术加工[M]. 2 版. 北京：机械工业出版社, 2014.

[17] 杨叔子. 机械加工巩义市手册[M]. 2 版. 北京：机械工业出版社, 2014.